L'ALPINISME

Des premiers pas aux grandes ascensions

REMERCIEMENTS

Cet ouvrage est le fruit du savoir et de l'expérience accumulés par les professeurs de l'ENSA au fil des années.
Certains d'entre nous ont payé de leur vie cette passion pour l'altitude mais, au-delà de ces événements douloureux, c'est toujours notre profonde amitié qui en est ressortie renforcée.
Nous tenons à remercier l'ensemble des professeurs de l'ENSA, mais aussi Bénédicte, Martine, Elsa de la documentation pour leur précieuse aide dans l'élaboration de ce livre et l'ingrate tâche des relectures et corrections.

Nous tenons également à remercier nos partenaires Béal, Ferrino, Julbo, Onyone, Petzl, Scarpa, Simond, Soleil Noir, Suunto et Rywan pour leur aide, le partage de cette passion de la haute montagne et les échanges qui nous font progresser de part et d'autre.

AVERTISSEMENT

Les techniques et les itinéraires présentés dans cet ouvrage le sont dans un but purement informatif. L'alpiniste ainsi informé des risques encourus reste seul maître de sa destinée et des choix qu'il opère par rapport à ses capacités ou aux risques inhérents aux conditions
particulières de la montagne. Les itinéraires sont décrits dans des conditions et des époques précises, et il est bon de s'assurer avant de les parcourir qu'ils ne sont pas modifiés à la suite d'un éboulement, d'un déséquipement, ou interdits pour une raison ou pour une autre. L'auteur et l'éditeur déclinent toute responsabilité en cas d'accidents ou d'incidents survenant dans les itinéraires décrits dans cet ouvrage. Étant donné son caractère non périodique, cet ouvrage ne peut en aucun cas faire office d'expert auprès des tribunaux.

Les photographies reproduites dans cet ouvrage sont de Jean-François Hagenmuller (sauf portrait des auteurs en p. 144).
On peut consulter le site de cet auteur à l'adresse internet suivante : www.lumieresdaltitude.com
Voir aussi le site de l'école nationale de ski et d'alpinisme : http://www.ensa-chamonix.net/

Conception maquette, prépresse et fabrication : Glénat Production (Grenoble)

www.glenat.com

Couvent Sainte-Cécile – 37, rue Servan – 38000 Grenoble

ISBN 978-2-344-01541-4
Dépôt légal : mai 2016

J.-F. Hagenmuller
F. Marsigny
F. Pallandre

L'ALPINISME

Des premiers pas aux grandes ascensions

Glénat

SOMMAIRE

Lever de lune sur l'aiguille du Plan.

L'ÉCOLE DE SKI ET D'ALPINISME

L'École nationale des sports de montagne, site de l'École nationale de ski et d'alpinisme de Chamonix (ENSA), a pour mission la formation des professionnels de la montagne, futurs skieurs et guides de haute montagne. La formation dispensée au sein de l'établissement vise un haut niveau d'excellence qui est reconnu au plan national comme au plan international. Lieu d'innovation, d'expertise, de recherche, d'apprentissage de nouvelles techniques, l'École est sans cesse questionnée pour prendre en compte les évolutions sociétales, les nouvelles pratiques et les besoins des pratiquants.

La formation des guides, modèle unique en France, est exigeante et nous rappelle qu'elle requiert un engagement permanent et constant. Elle est assurée par un corps professoral qui compte en son sein des alpinistes dont la notoriété est unanimement reconnue dans le milieu professionnel.

Soucieux de transmettre leur savoir-faire, ils vous font partager au travers de cet ouvrage les techniques indispensables pour évoluer en haute montagne. Une sélection de quelques grandes courses est présentée au lecteur sous une forme didactique, abordant à la fois les techniques pures que ce soit en terrain glaciaire, en escalade sur rocher ou en terrain mixte, mais aussi les gestes de secours et de survie indispensables à connaître. Ainsi, le lecteur, simple amateur ou alpiniste confirmé, pourra enrichir ses connaissances et les mettre en pratique.

L'objectif est bien de conseiller et de guider, tout en avertissant le lecteur que progresser en haute montagne engage sa seule responsabilité. Mieux évaluer les risques, mieux appréhender les facteurs qui vont être déterminants dans la réussite d'une course, mais garder toujours à l'esprit que la pratique de l'alpinisme nous enseigne l'humilité et la relativité de l'homme face aux éléments.

Fort du succès de sa première édition, cet ouvrage, édité pour la deuxième fois, est enrichi par de nouvelles illustrations et de nouvelles courses.

Nous vous invitons donc à partager cette passion des hautes cimes, dans cet univers si spécifique où l'initiative individuelle, la prise de décision et l'évaluation des risques prennent tout leur sens.

Hervé Josseron
Directeur Général ENSM/ Directeur ENSA

Les arêtes du Mönch, dans le Valais.

Dans la face nord des Courtes.

Sur l'arête Midi-Plan.

Ce livre a pour sujet l'alpinisme, au sens classique du terme pourrait-on dire. Délibérément, nous avons choisi de vous présenter des techniques simples et éprouvées depuis plusieurs années. En s'appuyant sur un choix de courses de toutes difficultés, nous vous présentons dans cet ouvrage les différents terrains d'expression de l'alpiniste. Ceux-ci vont du rocher, à la glace en passant par le mixte et la neige. Multiples facettes d'un jeu toujours à réapprendre et à se réapproprier.

C'est d'ailleurs un des objectifs de cet ouvrage. Qu'il vous permette de vous approprier ces techniques de base indispensables à votre sécurité. Bien sûr, il n'est pas question pour nous de prétendre vous enseigner l'alpinisme en quelques pages. Cependant nous croyons que leur lecture vous aidera dans votre apprentissage en vous évitant, du moins l'espérons-nous, de commettre les classiques erreurs trop souvent pratiquées par les amateurs. Pour autant l'alpinisme reste une activité que nous voulons responsable, pratiquée entre adultes consentants. De ce fait, ce sera à vous de mettre en œuvre toutes les techniques nécessaires à votre sécurité. La mauvaise mise en application, l'oubli ou le non-respect de ces techniques pourraient vous conduire à être confronté à des situations aux conséquences parfois tragiques.

Dans le milieu montagnard, on a coutume de dire que « la montagne pardonne beaucoup ». Pour autant, les accidents sont encore trop nombreux aujourd'hui et les auteurs de ce livre déclinent d'avance toute responsabilité concernant une mauvaise interprétation de leur propos. Apprenez lentement, et si vous souhaitez vous confronter un jour à de grandes ascensions, progressez doucement, pas à pas, sans chercher à brûler les étapes. Le chemin est exigeant et parfois semé d'embûches, mais quel bonheur de vivre ces instants de plénitude éprouvés lors de l'action bien menée dans la pleine lumière de l'altitude.

L'ALPINISME AUJOURD'HUI

Évoquer l'alpinisme d'aujourd'hui, n'est pas chose aisée. Le consumérisme ambiant, le sacro-saint principe de précaution et la notion de risque « socialement acceptable » sont venus polluer le propos de manière prégnante. De plus, à un alpinisme de conquête bien identifié, s'est substituée une multiplicité de pratiques générant des alpinismes où chacun établit ses règles au risque de nuire à la clarté de l'activité. Alors que tout s'accélère et devient anecdotique, comment parler d'une activité qui ne peut se développer que dans la durée et demande du temps ainsi que des efforts importants non dénués d'une certaine prise de risques. Au mythe de la *terra incognita*, qui motivait les alpinistes des siècles passés, s'est substitué un temps de questionnement par rapport à la pratique, du fait que tout ou presque avait été fait. À l'attrait de la nouveauté et de l'aventure qui animait les pionniers, il faut apporter une autre réponse aujourd'hui pour motiver les générations futures. Pour autant, je ne crois pas que l'intérêt de l'alpinisme puisse se réduire à la seule découverte de terres inconnues. S'il devient difficile d'ouvrir de nouvelles voies dans les Alpes, il n'en reste pas moins que la

L'aiguille Verte et les Drus.

pratique de l'alpinisme apporte un sens et une direction dans la vie de celui qui en accepte les règles et y consent les efforts nécessaires. Pour reprendre une formule à la mode, je dirais qu'il apporte « un supplément d'âme ».

On a beaucoup parlé ces dernières années du déclin de l'alpinisme et du manque de pratiquants. Pour ma part, je crois que l'alpinisme est en phase de maturation et qu'il entre enfin dans un âge de raison où chacun peut venir s'enrichir de belles expériences et en retirer un enseignement transposable ensuite dans sa vie quotidienne. Non, l'alpinisme ne se réduit pas à la voie normale du mont Blanc ou à l'inverse à la voie *No Siesta* en face nord des Grandes Jorasses. Il existe une multitude d'itinéraires à parcourir et de nombreuses montagnes à gravir. Et quand bien même, il n'y aurait plus de nouvelles voies à faire, je n'en continuerais pas moins à parcourir l'alpe à la recherche toujours renouvelée de cette lumière unique de l'altitude.

Les Grandes Jorasses, avec la face nord de profil à gauche.

Au seul attrait du sommet ou de la performance s'est substituée une notion hédoniste de plaisir allant parfois jusqu'à friser la caricature du *fun*. Certaines voies, qui se voulaient aseptisées, ont ainsi vu le jour dans des secteurs proches de remontées mécaniques ou de refuges, pour permettre une pratique rapide et sans souci de la montagne. S'il est indéniable que ce genre de voies, comparables à de la haute falaise (rocher nettoyé, équipement à demeure), peut apporter de la satisfaction à celui qui les gravit, il me semble qu'il faut savoir s'éloigner des sentiers battus et rebattus pour saisir dans toute sa singularité la force édificatrice de l'alpinisme. Il ne s'agit pas d'une consommation ou d'une activité comme une autre. À l'époque du *zapping*, il faut opposer une durée et un apprentissage pour s'autoriser une progression sereine en alpinisme. Cela demande de la volonté et de l'enthousiasme. Mais alors quel bonheur que de parcourir les cimes !

Nous avons choisi de vous montrer, au travers des quelques courses présentées dans cet ouvrage, une direction pour un alpinisme d'aujourd'hui. C'est un souhait que nous formons de réhabiliter le sommet. Pour cette raison, nous avons privilégié les itinéraires de haute montagne, dont la plupart passent par la cime pour redescendre par un autre versant. Il y a encore du voyage dans l'alpinisme. Il ne s'agit pas d'un simple aller-retour où, une fois atteint la fin des difficultés, on redescendrait en rappel par le même itinéraire.

François Marsigny

« Repentence Super »,
val di Cogne, Italie, IV/6.

ALPINISME ET ENVIRONNEMENT

« Les montagnes sont un monde à part : elles sont moins une partie de la planète qu'un royaume indépendant, insolite et mystérieux, où les seules armes pour s'aventurer sont la volonté et l'amour. » Gaston Rébuffat. Neige et roc, *1959.*

Indépendant peut-être, ce royaume est sûrement menacé. Il subit les mêmes agressions que le reste de la planète avec un impact accentué par une sensibilité particulière.

En 2016, parler de défense de la montagne, cela pourrait paraître évident et pourtant, ce n'est pas si facile. En effet, si les alpinistes et montagnards « amateurs » sont plutôt sensibles à la défense du milieu montagnard, le monde professionnel n'aime ce langage que dans la mesure où il s'agit de maintenir un certain potentiel économique.

Défendre l'environnement est un concept qui, en théorie, séduit tout le monde. Quand il s'agit d'entrer dans les détails pour analyser les responsabilités et essayer de voir comment changer les comportements pour préserver la nature, les avis sont beaucoup plus réservés.

En octobre 2007, suite au Grenelle de l'Environnement, l'état français, entendant les conclusions alarmantes du GIEC[1], a listé cent mesures précises visant à limiter l'impact des activités humaines, ralentir les émissions de GES (gaz à effet de serre) et préserver ainsi l'avenir du monde vivant.

Manque de fermeté politique ou influence des lobbies, un an après, on peine à faire le bilan des avancées réelles et des reculs en matière de gestion raisonnable et préservatrice de la nature.

Dans les massifs européens, on ne trouve pratiquement plus de détritus sur les sentiers, au passage des cols fréquentés ou au pied des falaises d'escalade. C'est incontestablement un progrès dû aux programmes de sensibilisation et d'actions de protection très précises menés par les institutions, les fédérations sportives et les associations de défense de la nature.

Cependant, cet aspect purement esthétique du problème ne doit pas nous faire oublier que ce sont les activités industrielles et commerciales, souvent liées au tourisme, qui portent la plus grande atteinte au milieu montagnard.

La grande industrie métallurgique gourmande en énergie et, par là même, très polluante, a quitté petit à petit les hautes vallées (au prix de graves conséquences économiques et humaines). On pouvait donc espérer retrouver le bon air des montagnes d'autrefois. Hélas, la mise en place de stations de mesure et d'analyse de l'air nous force à constater que la pollution de certaines vallées concurrence largement celle des zones les plus industrielles !

Notre mode de vie serait-il donc responsable de cette situation ? Au niveau national, l'examen de la contribution des ménages aux émissions de CO_2 montre que les transports des personnes et des marchandises représentent 45 % du total. Dans les vallées alpines, le chauffage au bois arrive juste après. Depuis les accords de Kyoto de 1998, la production globale de GES a diminué de 2 % en France (en partie grâce aux délocalisations, par exemple vers la Chine, laquelle est passée en tête au niveau mondial au début 2008), mais on observe que la part revenant aux transports a augmenté de 23 %.

Les Alpes souffrent particulièrement de ce fléau qui met en cause le transport international des marchandises (TIR) et les transports locaux. On sait que les phénomènes aérologiques particuliers (par exemple les inversions thermiques) des hautes vallées comme celle de Chamonix multiplient à certains moments de l'année par trois la concentration des particules et des polluants et, bien sûr, leurs effets sur la santé[2].

Depuis notre enfance, de nombreuses espèces animales ont disparu ou fortement régressé (par exemple, la disparition du bouquetin des Pyrénées depuis 1975), jusqu'aux petits passereaux les plus communs dont les densités ont incroyablement chuté (-84 % d'hirondelles de fenêtre).

Brume de pollution sur la vallée de l'Arve.

Les causes en sont connues: intensification de l'exploitation du milieu, concentration des polluants, engrais et produits phytosanitaires et changement climatique. Dans un avenir prévisible, une espèce sur quatre pourrait disparaître chez les mammifères, une sur huit chez les oiseaux[(3)].

À l'échelle de la planète, on retrouve les conséquences du réchauffement climatique sur toutes les chaînes de montagne. En même temps que le recul des glaciers observé dans les Alpes, en Alaska, en Amérique du Sud ou en Himalaya, des moraines frontales des lacs glaciaires se forment en arrière. Elles constituent une menace énorme pour les villages des basses vallées. Dans des pays prévoyants et fortunés comme la Suisse, on a commencé à vidanger ces lacs ou à construire de monumentales et coûteuses protections pour les habitations situées en aval. Mais que deviendront les villages népalais ou péruviens si, d'aventure, la surpression due à une chute de séracs dans un de ces lacs, ou un tremblement de terre, provoquent la rupture de ces fragiles barrages naturels?
Météo Suisse a enregistré, sur l'ensemble de la Confédération, + 1,4 °C au cours du XXe siècle.
Les prévisions de *Météo France*, dans l'hypothèse d'un réchauffement global de 1,8 ° (scénario optimiste), montrent clairement que la moitié des stations de ski des Alpes du Sud, du massif Central et des Pyrénées verront le nombre annuel de jours d'enneigement passer sous la barre des 90.
Les Alpes-Maritimes et la partie méridionale des Pyrénées passeraient sous la barre des 70 jours (limite de viabilité d'une station de ski). Que deviendront les populations qui, directement ou indirectement, vivent la moitié de l'année de cette activité?
Ces questions se posent à nous tous, citoyens des Alpes, de l'Europe et aussi du monde.

Les géologues qui étudient l'évolution morphologique des parois rocheuses prévoient de nombreux effondrements comparables à celui qui a détruit la moitié de la face ouest des Drus, emportant un des itinéraires les plus prestigieux du monde: le pilier Bonatti. De nombreuses ascensions à travers le monde deviennent difficiles ou impossibles d'accès à cause de l'impraticabilité grandissante des glaciers ou des moraines.
La fréquence et la variabilité des changements climatiques sont maintenant bien connues grâce aux analyses réalisées depuis un siècle sur les glaces de l'Arctique, de l'Antarctique

et du Groënland. On devrait entrer dans une période glaciaire, et c'est le contraire qui va se passer, essentiellement pour des causes anthropiques.

Des pays peu producteurs de GES comme la Tanzanie (une seule petite centrale thermique, pas de chauffage, pratiquement aucune activité industrielle et une agriculture peu mécanisée) vont, à cause de leur situation géographique, souffrir énormément de ce réchauffement climatique dont ils ne sont pas responsables.

En 1957, à l'occasion de l'année géophysique internationale, durant laquelle les premières mesures de CO_2 furent effectuées au sommet du Mauna Loa(4), les premières alertes étaient lancées par la communauté scientifique.

Il a fallu exactement un demi-siècle pour que les responsables politiques prennent en compte ces alertes.

Nous savons maintenant qu'il y a une accélération du phénomène de réchauffement climatique dont l'homme est responsable et il est plus que temps de s'en préoccuper, car la situation est catastrophique.

Comparés à des activités comme le golf ou le ski alpin, l'alpinisme et l'escalade (à l'instar du surf de mer) n'ont qu'un impact négligeable, voire nul, sur l'environnement. C'est plutôt dans sa vie au quotidien et une fois redescendu dans la vallée que le grimpeur-alpiniste a encore des progrès à faire, lors de ses déplacements par exemple. Le choix des objectifs et les conditions de leur réalisation pourraient être des éléments à prendre en compte, tout comme les moyens de transport utilisés.

Nous sommes entrés dans une nouvelle ère, celle de l'Anthropocène(5), c'est-à-dire le passage, pour l'évolution de l'environnement de notre planète, d'un équilibre dépendant essentiellement de causes naturelles à celui où l'influence de l'homme devient le facteur dominant.

Le temps de la prise de conscience est dépassé, mais les scientifiques et, avec eux, les hommes politiques conscients des enjeux et responsables des décisions ne pourront agir efficacement sans l'engagement motivé des populations.

Certaines pratiques (utilisation abusive de l'hélicoptère et des véhicules tous terrains par exemple), même si elles sont minoritaires, ne sont plus acceptables, ne serait-ce que par le mauvais exemple qu'elles donnent, décrédibilisant tout discours et toute action pédagogique.

Il y a vingt ans, les plus grands alpinistes du monde avaient réclamé la création d'un parc international pour le massif du Mont-Blanc, seule montagne au monde de cette envergure à ne pas être classée. Qu'est-ce qui empêche les jeunes générations de se mobiliser en faveur de cette action de protection, bien plus efficace qu'une hypothétique et non contraignante inscription au patrimoine de l'Unesco ?

Il faut, à côté de l'action collectivement organisée, agir individuellement, chacun au maximum de ses possibilités pour apporter sa pierre à l'édifice, comme disait Rébuffat, « avec un peu de volonté et d'amour ». Alpinistes citoyens, nous savons très bien ce que nous pouvons faire et ne devons plus faire. En tout cas, à nos enfants, nous ne pourrons pas dire que, si nous n'avons rien fait pour changer nos habitudes, c'est parce que nous ne savions pas...

Gérard Decorps

(1) Groupe d'experts Intergouvernemental sur l'Évolution du Climat.
(2) ADEME (Agence de l'environnement et de la maîtrise de l'énergie).
(3) W. Thuillet, Laboratoire d'écologie alpine, CNRS, Grenoble.
(4) Sur l'île Hawaï en Polynésie.
(5) Jouzel, Lorius, Raynaud, *Planète Blanche*, mai 2008.

La face ouest du Petit Dru.

« Dans notre jeu, le rocher est l'interlocuteur, c'est lui qui demande. À chaque pas, il exige une solution originale, les formes que peut prendre sa surface sont infinies dans leur diversité et tout aussi infinis sont les mouvements d'interprétation qu'exécute le grimpeur. »
Patrick Cordier, Cathédrales de Trango

01

ÉVOLUER SUR LE ROCHER

- L'escalade en montagne
- Le matériel d'escalade
- L'entretien du matériel
- Les nœuds importants
- La pose des points de protection en rocher

Même si, fondamentalement, la gestuelle utilisée pour gravir des voies en montagne est la même que celle pour grimper en falaise ou en bloc, n'oubliez pas que le milieu est bien plus complexe. Les marches d'approche, le port d'un sac à dos peuvent être fatigantes. Le rocher peut être différent et vous poser des problèmes techniques. Si vous avez appris à grimper sur des falaises calcaires, vous risquez d'être fort surpris au pied d'une fissure granitique comme celles du massif du Mont-Blanc.

Escalade granitique : la face sud de l'aiguille du Midi. Au fond, la Dent du Géant et les Grandes Jorasses.

Sur l'arête sud du pic du Glacier Blanc, en Oisans.

L'escalade en montagne

En altitude, le rocher n'est pas nettoyé comme il l'est en falaise et vous devrez apprendre à grimper en sécurité sur du rocher parfois instable. Testez systématiquement les prises douteuses avant de les utiliser.

Les points d'assurance et les relais en place (pitons, sangles et cordes) ne sont pas toujours très sûrs, car l'alternance gel et dégel ainsi que le soleil (rayons UV) peuvent fragiliser leur tenue. Vous devrez être capable d'évaluer leur solidité et, si besoin, les renforcer ou les remplacer.

Si l'itinéraire n'est pas complètement équipé, il faudra placer vos protections, notamment des coinceurs et des anneaux de corde ou de sangle.

Le cheminement n'est pas toujours facile à trouver ; parfois plusieurs possibilités existent et vous devrez trouver la bonne.
On ne répétera jamais assez que la montagne est un milieu exigeant qui nécessite connaissances et expérience pour être parcouru en sécurité. Si vous ne les possédez pas, modérez vos désirs ou vos ambitions et abordez les courses en commençant par des itinéraires peu difficiles pour ensuite, progressivement, tenter des voies plus sérieuses.

Ne vous fiez pas à la seule difficulté technique indiquée dans un topo. Une voie comme l'arête sud de l'Index n'a vraiment rien à voir avec l'arête de l'Innominata au mont Blanc par exemple. Pourtant, les deux voies sont cotées en 4e degré, mais la première fait 150 m de hauteur avec 20 minutes de marche d'approche et culmine à 2600 m d'altitude, alors que la seconde fait près de 1000 m de dénivellation avec une longue marche d'approche et sort au sommet du mont Blanc à 4810 m...

Inspection de la solidité d'un becquet avant de l'utiliser.

Le matériel de progression et d'assurage

Il est le fruit de nombreuses années de recherche de la part des fabricants et, correctement utilisé, il est maintenant très fiable.

La corde

Elle est l'un des éléments les plus symboliques de l'équipement de l'alpiniste. Les cordes utilisées sont dynamiques. Réalisées en polyamide, elles subissent au cours de leur fabrication un traitement thermique qui leur donne les qualités nécessaires pour une bonne absorption de l'énergie produite lors d'une chute. Elles sont proposées sous plusieurs formes :

- **Les cordes d'attache** : de diamètre compris entre 9 et 11 mm, elles sont utilisables à simple, en longueur de 40 à 50 m (pour la montagne) et jusqu'à 100 m (pour l'escalade en falaise).

- **Les cordes doubles** : autrefois appelées cordes de rappel, de diamètre compris entre 7,3 et 9 mm, elles doivent être utilisées à double, mais on peut sans risque mousquetonner alternativement un brin puis l'autre. Cette technique offre l'avantage d'une faible force de choc en cas de chute. Elle est conseillée par exemple en cascade de glace ou dans les terrains où la solidité des points d'assurage est limitée ou douteuse.

- **Les cordes jumelées** : d'un diamètre légèrement inférieur aux cordes à double, elles sont plus légères. Elles doivent impérativement être utilisées en mousquetonnant les deux brins dans chaque point de protection sous peine de détérioration en cas de chute.

Il existe également des cordes de randonnée. De 8 mm de diamètre, dynamiques, ces cordes sont spécialement conçues pour cette activité. Elles résistent à une chute de facteur 1 au maximum et ne doivent pas être utilisées en alpinisme.

Les cordes sont vendues avec un petit ruban de bande adhésive ou une bague en plastique fixé à leurs extrémités et comportant quelques informations (diamètre, type d'utilisation, etc.). Après les avoir lues, ôtez ces bagues pour éviter qu'elles ne se coincent lors du rappel de la corde ou pendant une manœuvre.

Les cordelettes

De diamètre égal ou inférieur à 8 mm, elles sont vendues au mètre dans les magasins. Comme les cordes de spéléo, ce sont des cordes à faible allongement (appelées aussi cordes semi-statiques) qui n'ont pas subi les traitements des cordes d'alpinisme. Elles ne sont pas dynamiques et ne peuvent être utilisées que pour confectionner des anneaux.

Les sangles

Plates ou tubulaires, en polyamide, dynema ou spectra, elles ne présentent pas de qualités dynamiques et, comme les cordelettes, doivent être réservées à la confection d'anneaux. Si vous les utilisez pour confectionner une longe, veillez à toujours rester en contrebas du point de relais et en tension, mais il est nettement préférable d'utiliser une longe en corde dynamique pour plus de sécurité. Afin de ne pas solliciter inutilement les mousquetons en charge, n'utilisez que des sangles d'une largeur inférieure à 20 mm.

Le baudrier

Les baudriers d'alpinisme comme d'escalade sont de type baudrier-cuissard. L'usage d'un baudrier complet (cuissard plus torse) est à bannir car, lors d'une chute, le grimpeur bascule vers l'avant. En effet, l'encordement du harnais complet, situé très haut sur le buste (par rapport au centre de gravité), induit un moment de force important qui entraîne irrémédiablement vers l'avant le buste du grimpeur, avec un risque de traumatisme crânien.
En fait, les harnais complets ne sont plus utilisés que pour l'assurage de jeunes enfants grimpant en second.

Mousquetons et dégaines

Une dégaine est constituée d'un couple de mousquetons reliés par un anneau de sangle cousue. Le mousqueton du bas est souvent de forme coudée pour faciliter le mousquetonnage.
Les mousquetons de sécurité peuvent être à vis, à baïonnette ou à verrouillage automatique. À l'usage, les mousquetons à vis sont simples car sans surprise. La forme en poire, dite HMS, permet l'assurage au moyen d'un nœud de demi-cabestan.

Coincement de pied dans une fissure.

Assurage du premier de cordée avec un frein.

Les chaussures et les chaussons d'escalade
En altitude, vous évoluerez sur le rocher avec des chaussures d'alpinisme classique. Elles permettent de faire des coincements et d'utiliser les grattons. Leur rigidité et leur poids deviennent un handicap quand le niveau technique augmente. C'est pourquoi on préfère utiliser des chaussons d'escalade dans les voies modernes difficiles.

Les appareils d'assurage
L'assurage, en passant la corde autour du corps, peut être utilisé pour assurer un leader ou un second dans des passages très faciles et peu raides. Mais dès qu'il y a un risque de chute avec un choc important, l'usage d'un appareil d'assurage est indispensable. De multiples modèles existent à ce jour mais l'usage des seaux polyvalents tend à se généraliser au détriment du descendeur en 8 utilisé pendant longtemps. Ces seaux permettent l'assurage d'un leader, mais aussi, pour certains, d'un ou deux second(s) de cordée en les utilisant en plaquette autobloquante.

Les coinceurs
Nos amis britanniques, après avoir longtemps utilisé des écrous et boulons montés sur cordelette, ont conçu les premiers coinceurs en 1972.
Deux types de coinceurs sont essentiellement utilisés aujourd'hui : les coinceurs « simples », de type « stopper », le plus souvent montés sur câble, et les coinceurs mécaniques à cames de type Friends.
L'utilisation et le placement des coinceurs demandent un peu de savoir-faire et de pratique pour obtenir une bonne tenue et aussi pour que le second de cordée puisse les enlever sans trop de peine.

Une dégaine posée sur un coinceur.

Assurage d'un second avec un système autobloquant.

Assurage d'un second de cordée avec un demi-cabestan.

Les pitons
Vous en trouverez de toutes sortes en place, dans nombre de courses classiques, mais il est toujours intéressant d'en avoir trois ou quatre en fond de sac pour remplacer un piton manquant ou en piteux état.
On peut les classer de deux façons:
- **Selon la dureté du métal:** les pitons en acier doux pour les roches tendres comme le calcaire, et ceux en acier dur (acier au chrome molybdène et nickel) plutôt employés en granit.
- **Selon leur taille et leur usage:** soit pour la progression en escalade artificielle (piton de soutien), soit pour l'assurage (pitons de sécurité, d'une résistance suffisante pour l'assurage et l'installation des relais).

L'entretien du matériel

La corde: vérifiez votre corde avant chaque utilisation. Cela passe par un contrôle visuel et manuel qui permet de vous assurer que votre corde ne présente pas d'endroit où la gaine usée laisse voir l'âme ou la présence d'une irrégularité comme un renflement ou un bourrelet.
Attention au soleil! Protégez votre corde au maximum des rayonnements ultraviolets en évitant de la faire sécher au soleil.
Faites sécher votre corde mouillée avant de vous en servir à nouveau (corde mouillée = baisse de la charge à la rupture de 15 % et diminution de la résistance à l'abrasion de l'ordre de 10 fois).
Protégez votre corde des hydrocarbures (essence, huiles et graisse). Lavez-la de temps à autre en la passant à la machine à laver (lavage à 30° sans lessive).
Ne la faites pas sécher sur un radiateur (cela ne l'abîme pas, mais la rigidifie un peu).
Vous pouvez, sans risque, marquer le milieu ou un autre endroit de votre corde au moyen d'un feutre.

Les mousquetons: si vous pratiquez souvent la moulinette, veillez à l'usure due aux frottements de la corde. Une goutte de lubrifiant (silicone) une fois par an dans le mécanisme d'ouverture maintient le bon fonctionnement du mousqueton.

Les coinceurs mécaniques: comme pour les mousquetons, utilisez un lubrifiant à la silicone pour les entretenir ou les dégripper.

Les sangles cousues: celles des dégaines subissent le même traitement que les cordes; elles frottent et s'usent toujours au même endroit sur le mousqueton et sur le rocher. Elles perdent ainsi une part de leur résistance initiale.
Pensez à les changer tous les deux ou trois ans.

Le baudrier: en cas de choc important ou quand l'usure devient visible (coutures, décoloration des sangles), n'hésitez pas à le mettre au rebut.

AU BOUT DE COMBIEN DE TEMPS DOIT-ON METTRE CORDE, SANGLES ET BAUDRIER AU REBUT?

Les fabricants européens de cordes se sont mis d'accord pour fixer à 15 ans la limite d'utilisation d'une corde. On peut, bien sûr, ajouter qu'au moindre doute (usure prononcée de la gaine qui laisse voir l'âme par exemple), il ne faut pas hésiter à changer sa corde.

Durée de vie = durée de stockage avant première utilisation + durée d'utilisation.
- La durée de vie est limitée à 15 ans.
- La durée de vie dépend de la fréquence et du mode d'utilisation.
- Les sollicitations mécaniques, les frottements, les UV et l'humidité dégradent peu à peu les propriétés de la corde.
- Notez qu'à l'usage, une corde grossit. Donc, elle perd jusqu'à 10 % de sa longueur.
- Durée de stockage: dans de bonnes conditions de stockage, ce produit peut être entreposé pendant 5 ans avant première utilisation sans que sa future durée d'utilisation soit affectée.

Ci-dessus et au centre : confection du nœud d'encordement en huit. À droite : encordement sur deux brins de corde (corde double).

Les nœuds importants

Le nœud d'encordement

Pour relier la corde au baudrier, il y a deux solutions. Vous pouvez faire directement un nœud sur le baudrier, c'est ce que l'on utilise généralement ou, uniquement en randonnée glaciaire avec un facteur de chute ne dépassant pas 1, utiliser un mousqueton de sécurité directionnel (ou à défaut deux mousquetons dont un de sécurité) placé sur le pontet du baudrier. L'encordement sur mousqueton(s) ne sera utilisé qu'en progression sur neige ou sur glacier (voir p. 38).

Parmi les nœuds d'encordement habituellement utilisés, nous avons retenu le plus simple et le plus solide, le nœud en 8. Comme tous les nœuds, il doit être serré énergiquement pour avoir sa solidité maximale (un nœud peu serré a une résistance diminuée de 30 %). Pour l'encordement avec une corde double, réalisez deux nœuds distincts.

Les nœuds de jonction

Ils sont utilisés pour joindre deux cordes ou pour fermer un anneau de corde ou de sangle. Une nouvelle fois, nous vous proposons une sélection des nœuds les plus couramment utilisés plutôt qu'une liste exhaustive.

- **Le nœud de jonction de cordes de rappel :** utilisez un nœud en huit en prenant la précaution de bien le serrer et de laisser dépasser 20 à 30 cm de corde.
- **Le nœud de sangle :** pour fermer un anneau de sangle ou de cordelette

Le nœud de pêcheur double : pour fermer un anneau de cordelette.

Le nœud d'auto-assurance au relais : bien qu'il soit toujours possible de faire une queue de vache pour s'auto-assurer (d'où l'expression se vacher), il est préférable de confectionner un nœud de cabestan. Il offre l'avantage de pouvoir se régler et se défaire facilement.

Nœud en huit de jonction de deux brins de corde de rappel.

Nœud de sangle.

Nœud de pêcheur double.

La pose des points de protection en rocher

La pose des coinceurs

Elle fait appel au bon sens, à la logique et à l'observation pour trouver l'emplacement le plus adapté.
Les étranglements de fissure feront de bons pièges à coinceurs, tandis que les fissures à bords parallèles pourront accueillir les coinceurs mécaniques de type friend.
Pour éviter que les mouvements de la corde ne délogent les coinceurs pendant que vous grimpez, accrochez-y des dégaines longues ou des anneaux de sangle.

Pose d'un coinceur à cames.

Coinceur à câble + dégaine.

L'utilisation d'un décoinceur est parfois indispensable pour récupérer un coinceur à câble bien verrouillé.

Planter et utiliser les pitons

Dans la plupart des ascensions classiques, il n'est pas nécessaire de planter beaucoup de pitons car ils sont souvent déjà en place.
En revanche, vous devrez systématiquement évaluer leur solidité et, si besoin, les retaper ou les replanter. L'alternance gel/dégel a tendance, en effet, à altérer leur tenue.

La résistance d'un piton est fonction de la solidité du rocher, de l'orientation de la fissure et de l'énergie que vous avez dépensée pour le planter.
Si vous devez planter un piton, choisissez de préférence une fissure horizontale.
La taille et la forme doivent être adaptées à la physionomie de la fissure pour qu'il se verrouille au mieux.

Un piton qui s'enfonce d'un ou deux coups de marteau est rarement fiable. Il faut souvent frapper fort pour obtenir une bonne résistance. On disait autrefois qu'il fallait faire « chanter » le piton.
Si vous n'arrivez pas à l'enfoncer entièrement, ne mousque-tonnez pas l'œilleton directement, afin d'éviter un porte-à-faux important, mais placez un anneau de cordelette entre le rocher et l'œilleton pour réduire ce dernier.
Si le piton est profondément enfoncé dans une fissure et qu'il est impossible de mousquetonner l'œilleton, passez un anneau dans ce dernier. Faites de même si le mousqueton placé dans l'œilleton travaille en porte-à-faux.

L'utilisation d'anneaux de corde ou de sangle
Leur usage est très courant pour se protéger en ceinturant des becquets rocheux ou pour limiter le tirage de la corde.
Avant de les utiliser comme point d'assurance, vérifiez la solidité des becquets en les sollicitant fermement.
Soyez particulièrement vigilant si leur base est sous la neige ou la glace. Dans ce cas, dégagez si possible la neige pour voir si le becquet est soudé à la masse rocheuse ou s'il s'agit simplement d'un bloc rocheux enchâssé…

L'anneau de corde ou de sangle doit être suffisamment long, sous peine de subir d'importantes contraintes en cas de choc. L'angle formé par le bas de l'anneau tendu doit être le plus faible possible et en tout cas inférieur à 120°. Lors de la mise en place, anticipez les mouvements de la corde afin que votre anneau reste en place au cours de votre progression.

Éviter le tirage
En montagne, les points d'assurage ne sont pas toujours alignés mais souvent un peu décalés de l'axe de progression. La corde fait alors des zigzags, ce qui provoque des frottements. Pour éviter cette gêne, placez des anneaux sur les points d'assurance pour limiter le tirage de la corde.
Si vous utilisez une corde à double, vous remédierez à cet écueil en mousquetonnant alternativement un brin puis l'autre.

Sangle trop courte, à éviter impérativement !

Sangle de bonne longueur.

Les relais

Un relais doit être d'une solidité à toute épreuve et donc constitué impérativement de plusieurs amarrages (au moins deux) reliés entre eux. Ces points peuvent être des pitons, des anneaux ou des coinceurs.

Si le relais est constitué de deux points « inarrachables » il est conseillé de s'auto-assurer directement avec la corde sur un des deux points puis d'attacher la corde au second point.

Si le relais est constitué de points moins sûrs, il est recommandé de faire une triangulation sur ceux-ci avec une corde ou une sangle de faire un nœud sur la pointe basse du triangle.
Lorsque vous les reliez, faites-le avec un anneau assez grand pour que l'angle formé par les différents brins de l'anneau soit le plus fermé possible.
Au point bas de l'anneau, après l'avoir placé de telle sorte qu'en cas d'effort tous les points soient sollicités simultanément, faites un nœud de vache ou un nœud de cabestan. Ce nœud est important car il permet d'éviter un choc important, le « coup de fouet », en cas de rupture d'un des points du relais lors d'une chute.

Relais sur deux points inarrachables.

Si le relais est fait sur un becquet ou des coinceurs, il est indispensable de s'installer en contrebas pour éviter qu'une chute du leader ne soulève l'assureur et arrache le relais.
Afin de permettre au relais de résister à une traction éventuelle vers le haut, vous pouvez placer un coinceur à l'envers et le relier à l'amarrage principal.

Relais avec triangulation.

La corde du leader ne passe pas dans le relais (pas de renvoi).

En montagne, sur une triangulation avec des points dont on n'est pas sûr de leur résistance, ne passez pas la corde du leader dans le relais pour l'assurer (pas de point de renvoi sur le relais). Cependant, pour éviter un choc important sur les amarrages ou sur l'appareil d'assurage du second dans le cas

Dans « American beauty » au-dessus du glacier d'Envers du Plan, dans le massif du Mont-Blanc. Ici, la pureté de la ligne d'ascension et la difficulté constituent la quintessence de l'escalade en haute montagne.

Assurage sur demi-cabestan.

d'une chute du leader juste au-dessus du relais (facteur 2) placez, le plus rapidement possible, un point de protection (appelé point de « renvoi »).

Il est conseillé d'utiliser un nœud de demi-cabestan placé dans un mousqueton de sécurité de grande taille directement sur le point central du relais triangulé ou sur un des deux points d'un relais « inarrachable » tant que le premier de cordée n'aura pas placé un point de renvoi solide car il vous sera difficile voire impossible d'enrayer son éventuelle chute si vous l'assurez directement avec un « seau » fixé au pontet du baudrier.

L'assurage du premier de cordée est impossible avec un seau avant qu'il y ait un point de renvoi.

02

ÉVOLUER SUR LA NEIGE

En montagne, la connaissance des techniques appropriées aux évolutions sur la neige est indispensable. Avec ou sans crampon, se déplacer sur la neige nécessite un apprentissage adapté à des situations multiples (montées, descentes, traversées, glissades) et à un support par nature changeant (neige molle, dure, croûtée).

C'est souvent par l'envie d'aller sur de beaux sommets enneigés que l'on débute l'alpinisme. Mais, sous des aspects faussement accessibles, les ascensions en terrain neigeux peuvent être très dangereuses pour des cordées inexpérimentées, par méconnaissance des risques et des techniques fondamentales.

L'utilisation du piolet

La tenue du piolet-canne *(photo page de droite)*

Le piolet est un outil indispensable, symbolique de l'alpiniste.

Un piolet classique présente une longueur d'environ 60 cm.

Il comporte trois parties : le manche et sa pointe, la panne et la lame.

Il existe plusieurs manières de le tenir (piolet-canne, piolet-rampe, piolet-ancre, etc.), mais, classiquement, il se tient verticalement, de manière ferme, en appui toujours du côté amont, la main sur la panne et la lame en avant : c'est le « piolet-canne ».

Dans les descentes, vous pouvez éventuellement positionner la lame vers l'arrière pour faciliter l'arrêt d'une glissade.

Le cas échéant, vous pouvez tailler des marches avec la panne pour faciliter la tenue des pieds.

Naturellement, dans la neige molle, le manche s'enfonce avec un appui marqué et, en présence de glace, vous adopterez la frappe et l'ancrage de la lame.

L'utilisation des crampons

Les anti-neige *(voir photo p. 78)*

Si, sur des pentes de neige molle peu raides, il est tout à fait possible de marcher sans crampons, ces derniers seront rapidement indispensables pour évoluer en sécurité sur de la neige dure, de la glace ou des pentes raides.

Les crampons pour l'alpinisme sont impérativement des crampons en acier, de dix ou douze pointes, munis d'un système empêchant la formation de sabot de neige (anti-neige). Ils doivent s'adapter parfaitement à votre type de chaussure.

La neige molle

Si le pied s'enfonce un peu, vous pouvez gravir une pente directement ou en diagonale. De même pour la descente.

La règle étant d'avoir une stabilité maximale, faites de petits pas pour favoriser le transfert du poids du corps en équilibre.

Le corps doit rester d'aplomb, et il faut éviter de trop pencher le buste vers l'amont, en gardant

Progression en mouvement
en encordement court.

Assurage en mode descente.

une position la plus naturelle possible. Les pieds sont écartés. Privilégiez un appui franc avec les bords de la chaussure.
À la montée, le pas doit être régulier, pas trop long ni trop court, pour éviter l'effondrement de la marche supérieure sur celle du dessous.
À la descente, le buste doit se plier en avant dans l'axe de marche simultanément à l'appui des talons. Le poids du corps se transfère alternativement d'un appui ferme à un autre. Les pieds sont placés en canard, légèrement écartés pour favoriser l'équilibre et le travail musculaire des jambes.
Parfois, pour éviter de pénibles descentes, vous pourrez adopter la technique de la ramasse qui consiste en une glissade contrôlée. Mais il vous faudra faire preuve de beaucoup d'équilibre et d'habileté.

La neige dure

C'est celle qui permet, grâce au regel nocturne, d'évoluer confortablement et en sécurité dans la grande majorité des courses de haute montagne. L'usage des crampons et d'un piolet au moins est souvent indispensable sur ce terrain.
Suivant la raideur de la pente et votre habileté, vous pouvez utiliser la technique du cramponnage classique appelé cramponnage dix pointes, la technique du cramponnage mixte (un pied en cramponnage classique et un pied en pointes avant) ou la technique du cramponnage en pointe avant.
La technique classique en dix pointes présente l'avantage d'être moins fatigante pour les jambes, et particulièrement les mollets, que les deux autres. C'est pourquoi nous l'utilisons autant que possible, dans les limites du confort et de la sécurité.

Cramponnage dix pointes.

Cramponnage mixte.

Cramponnage pointes avant.

Le mode de progression et d'assurance

Dans les courses de neige peu difficiles, la technique de progression et d'assurance la plus utilisée est la technique de progression simultanée et de l'assurage en mouvement avec des anneaux de corde en main. Dans ce mode de progression, la responsabilité du leader est très importante car la sécurité de la cordée dépend essentielle-ment de son aptitude à prendre les bonnes décisions et à pouvoir enrayer un dévissage d'un des membres de la cordée.

Descente en encordement court.

Dans de nombreux cas, un encordement trop long, une mauvaise tenue de la corde ou un nombre trop important de personnes encordées ensemble sont la cause de dramatiques accidents.

CE QU'IL FAUT RETENIR CHRONOLOGIQUEMENT POUR PARER ET ENRAYER UNE GLISSADE

- Dès que l'on perd l'équilibre, réagir immédiatement.
- Se retourner le plus vite possible face à la neige.
- Essayer de freiner avec les pieds, jambes écartées (si l'on n'a pas de crampons).
- Pour s'arrêter avec l'aide du piolet, avant de se retourner, prendre le piolet par la tête et par le manche, la lame étant orientée vers l'extérieur.
- Après s'être retourné face vers la neige, enfoncer la lame dans la neige en tenant fermement le piolet à hauteur de la poitrine.
- Essayer de freiner d'abord de cette manière, puis augmenter le freinage avec les pieds progressivement, afin d'éviter que les pointes des crampons ne vous bloquent brusquement et provoquent un basculement tête en bas.

Arrêter une chute n'est possible que si l'on est en équilibre, avec un encordement court, et en restant vigilant.

Arrêt de chute.

Enrayer une chute

Sur la neige, particulièrement en progression simultanée, la sécurité de la cordée dépend d'abord de la capacité de chacun de ses membres à ne pas tomber.
Le risque de glissade est souvent plus important à la descente, car la fatigue entraîne un manque de vigilance et de tonicité musculaire.
Vous devez vous entraîner à automatiser les réflexes de réchappe et d'arrêt de chute lors d'écoles de neige pratiquée sur des pentes sans risques.

La technique de réchappe consiste à se retrouver le corps face à la neige et à se freiner grâce au piolet tenu à deux mains.

Relais sur corps-mort et assurage sans point de renvoi.

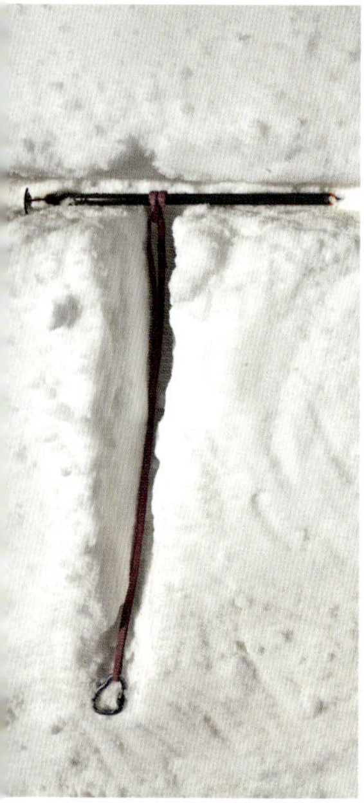

À droite : piolet placé en corps-mort.

À gauche : Le tassement de la neige favorise la résistance du corps-mort.

Les amarrages et relais

Lorsque le terrain devient plus délicat et exposé et que le premier de cordée n'a plus la capacité d'enrayer le déséquilibre de son ou ses compagnons, il est indispensable de changer de mode d'évolution pour passer à une progression longueur par longueur avec installation de relais.

Pour installer un relais, un piolet planté verticalement n'offre pas une résistance suffisante.

Utilisez le piolet (ou tout autre objet un peu volumineux et résistant) pour confectionner un corps-mort.

Les corps-morts

Le principe de base est d'enfouir un volume (piolet, dead man, sac à dos, pierre, etc.) dans la neige le plus profondément possible en fonction de sa consistance (de 40 à 100 cm).

- De le positionner en T, perpendiculairement à l'axe de traction et de reboucher le trou.
- De le tester avant de le solliciter en se plaçant bien en contrebas.

Dans la traversée du Breithorn (Valais).

Les relais

La neige est un matériau par essence très changeant, il faut donc apporter un grand soin à la confection des amarrages de type corps-mort.
Dans le cas spécifique d'un relais de progression en pente forte, on est en présence d'une situation d'assurage critique avec, potentiellement, un facteur de chute important car il est pratiquement impossible de placer des amarrages intermédiaires. Il faut assurer impérativement de manière dynamique, et ne jamais faire de renvoi de la corde sur le relais.

C'est l'assureur relié au corps-mort qui enraye la chute du leader en freinant progressivement. L'assurage se fait à l'aide d'un demi-cabestan placé sur un mousqueton de sécurité de grande taille directement sur le pontet du baudrier en veillant à bien amortir le choc en laissant filer un peu de corde. Assurer de cette manière, dynamique, demande un peu de pratique, en école de neige par exemple, car le réflexe naturel est de bloquer la corde ce qui a pour effet de solliciter le relais plus violemment.

Relais sur corps-mort et assurage sans point de renvoi sur le relais.

Assurage sur demi-cabestan.

03

ÉVOLUER SUR LA GLACE

L'équipement nécessaire

Les amarrages

L'assurance en glace

La technique de progression

L'entretien du matériel

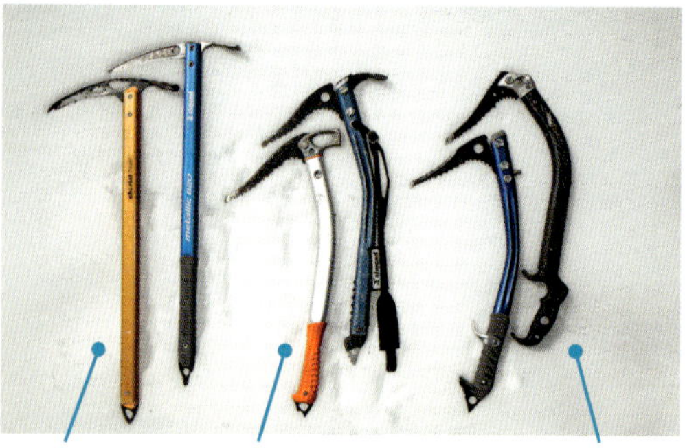

Piolets classiques Piolets techniques Piolets de cascade.

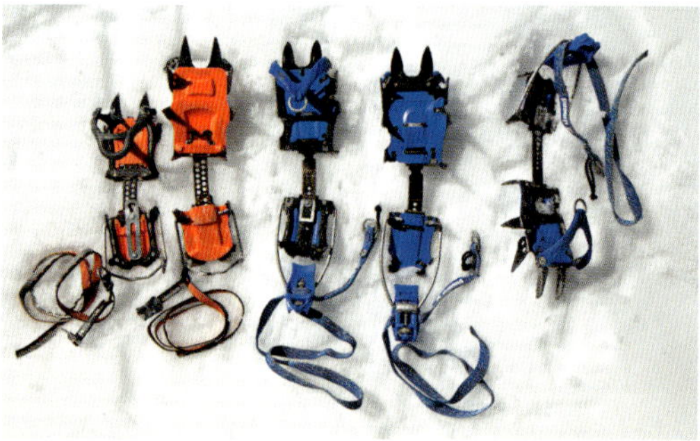

Crampons classiques avec anti-neige.

L'équipement nécessaire

Le piolet

Outil indispensable du glaciériste, il est un élément hautement symbolique de l'alpinisme. On peut définir 3 grandes familles de piolets aujourd'hui :

- **Les classiques**, d'une taille comprise entre 50 et 70 cm et qui permettent d'évoluer sur des pentes allant jusqu'à 50/55°. Comme leur nom l'indique, ils conviennent parfaitement pour une utilisation qui va de la randonnée glaciaire à l'alpinisme classique, sous-entendu la plupart des courses en haute montagne.
- **Les techniques**. D'une taille de 50 cm, ils offrent un meilleur ancrage pour aborder l'escalade en glace. Munis d'une panne pour l'un et d'une tête de frappe pour l'autre, on les utilise habituellement par paire et ils conviennent à la plupart des ascensions glaciaires et mixtes.
- **Les ergonomiques**, réservés à la cascade de glace difficile ou au « dry tooling ».

Les dragonnes

Elles permettent de ne pas perdre ses piolets. Elles sont peu utiles sur les piolets classiques et les ergonomiques typés cascade, et on ne les trouve pratiquement plus que sur les piolets techniques.

Les leaches sont en revanche de plus en plus utilisées car elles permettent d'éviter toute perte de piolet en cours d'ascension.

Les crampons

Là encore, il existe une profusion de modèles et de formes. On retiendra ici :

- **Les crampons d'alpinisme à 12 pointes en acier**, adaptés
à la plupart des situations rencontrées en montagne.
- **Les crampons cascade, mono ou bi-pointes**, de préférence équipés de pointes avant verticales (en forme de lame de piolet), préconisés pour l'escalade glaciaire très raide.

La goulotte Lafaille au mont Blanc du Tacul.

Les anti-neige
Leur emploi est indispensable en alpinisme pour éviter la formation d'un « sabot » de neige sous les pieds propice à glissade ou dévisage...

Les broches à glace
S'il en existait de nombreux modèles auparavant, aujourd'hui, les broches tubulaires se sont imposées comme unique référence en matière d'amarrage dans la panoplie du glaciériste. Elles existent généralement en trois tailles : petites (13 cm), moyennes (17 cm) et grandes (21 cm). Certains modèles sont munis d'une manivelle intégrée qui facilite le vissage.

Les dégaines à absorption d'énergie ou shock-absorber
Conçues pour se déchirer progressivement en cas de chute, elles peuvent limiter la force de choc exercée sur les broches.

Crochet à lunule et trois tailles de broches à glace.

Le crochet à lunules
Il sert à récupérer les cordelettes que l'on place dans les lunules ou Abalakov (voir plus loin). Cet outil a révolutionné l'engagement dans les voies glaciaires. Il est aujourd'hui essentiel à la sécurité de l'alpiniste pour lui permettre d'organiser une retraite.

Le casque
Certains modèles disposent d'une visière protégeant des éclats de glace.

Les gants
Choisir des modèles offrant le meilleur compromis entre protection et préhension, pour manipuler tout l'équipement avec aisance.

La corde
Elle doit être hydrofuge (traitée dry), à double ou jumelée et d'une longueur comprise entre 50 et 60 m.

Les amarrages
La pratique de l'escalade glaciaire se fait généralement en tirant des longueurs de corde. De ce fait, vous serez amené à utiliser et à mettre en place, à de multiples occasions, des points de protection. Leur solidité dépendra de la qualité de la glace et de leur placement.

La broche
Une broche se visse à fond et se place généralement perpendiculairement à la surface de la glace. Si la couche superficielle est de mauvaise qualité, dégagez-la avec votre piolet pour atteindre la glace saine. Lorsque vous rencontrez le rocher sous-jacent, changez de taille de broche plutôt que de forcer et de risquer d'abîmer le trépan. De ce fait, il est important de disposer de broches de tailles différentes, notamment en goulotte.

Broche à glace tubulaire.

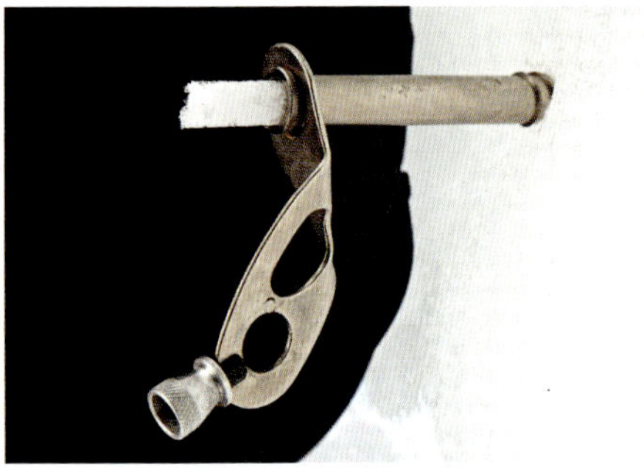

Le relais
C'est l'élément clé de la chaîne d'assurage. On le construit avec un minimum de deux points, séparés verticalement par une distance de 50 à 60 cm, et horizontalement d'une vingtaine de centimètres. Cela évite que les broches se trouvent dans la même zone de glace et, d'autre part, cela favorise la confection d'une triangulation avec un angle fermé. Plus l'angle est aigu, moins vous sollicitez vos amarrages.
Reliez vos deux broches avec un anneau de corde en prenant soin de faire une « queue de vache » en bas de triangulation pour solidariser les points de relais (une triangulation « libre » peut s'avérer dangereuse en cas de rupture d'une broche par exemple, par effet « coup de fouet » sur le second point).
Terminez votre relais par un mousqueton de sécurité : le mousqueton « maître », sur lequel vous pourrez installer vos différents mousquetons d'auto-assurance et d'assurance.

Relais sur deux broches triangulées.

La lunule ou Abalakov

Elle se réalise en vissant une première broche inclinée selon un angle d'une quarantaine de degrés sur un plan horizontal. Après avoir retiré cette broche, placez votre crochet à lunule dans le trou réalisé, en guise de repère visuel, puis forez un second trou à environ 90° du premier pour réaliser une connexion le plus profondément possible.
Une fois la lunule réalisée, glissez une cordelette dans un des deux trous et, à l'aide du crochet à lunule, récupérez le bout de cette dernière. Refermez l'anneau par un nœud de sangle ou un double pêcheur. Lorsque l'on passe directement sa corde de rappel dans la lunule, on parle de « lunule sèche ».

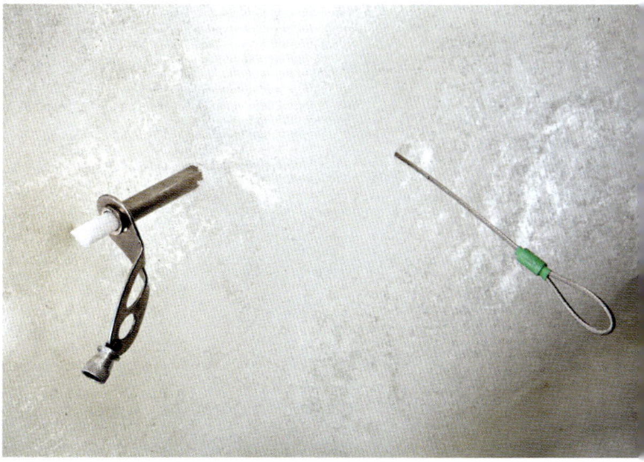

Confection d'une lunule.

Crochetage de la cordelette.

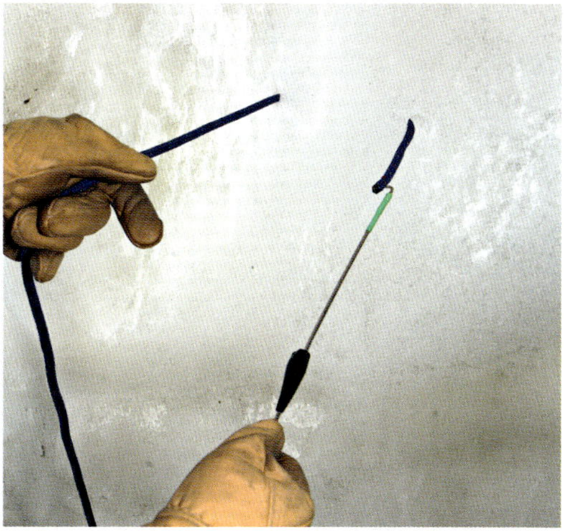

Confection de l'anneau.

L'assurance

Comme pour l'escalade rocheuse sur protections naturelles et coinceurs, une véritable liberté de mise en œuvre est permise, car c'est vous qui choisissez l'emplacement des points. Néanmoins, pensez toujours aux conséquences d'une chute éventuelle, y compris dans les zones plus faciles, et n'hésitez pas à brocher régulièrement.
L'assurance en glace nécessite l'emploi d'une corde à double, en ne mousquetonnant qu'un brin de corde à la fois, pour diminuer la force de choc en cas de chute afin d'éviter une sollicitation trop importante des broches.

EXEMPLE DE RÉSISTANCE MOYENNE DE QUELQUES AMARRAGES EN GLACE

- Broche tire-bouchon .... 200 kg
- Lame de piolet .... 300 kg
- Broche tubulaire .... 1000 à 2500 kg
- Lunule .... 1000 à 2500 kg

Bien que la broche tire-bouchon ne soit plus fabriquée depuis au moins 30 ans, on la trouve encore accrochée au baudrier de certains nostalgiques...

Pour assurer un second, placez l'appareil d'assurance sur le mousqueton « maître » du relais. En revanche, pour assurer un leader, prenez-le directement au pontet de votre baudrier sans pratiquer de renvoi dans le relais. Le leader placera alors une broche de protection dès le départ du relais pour éviter une chute de facteur 2 sur ce dernier.

La technique de progression

Les techniques les plus pratiquées en montagne, à la montée comme à la descente, restent d'abord le piolet-canne sur pente faible, puis, dès que celle-ci se redresse, la technique de l'ancrage du piolet qui se transforme en piolet-traction lorsque l'on ancre ses deux piolets et que l'on évolue face à la paroi. Cependant, n'hésitez jamais à vous entraîner en école de glace, afin d'améliorer votre gestuelle et votre équilibre.

Il est encore trop fréquent de rencontrer des alpinistes qui, après avoir gravi des courses glaciaires difficiles, se trouvent dans l'impossibilité de descendre de face une pente de neige à 40° en bonnes conditions.

- **L'ancrage** : piolet tenu à l'extrémité du manche, visez la zone où vous souhaitez ancrer la lame. En partant de l'épaule, sollicitez vos bras, avant-bras et poignets pour donner de l'inertie à votre frappe. Simultanément à l'impact, maximiser l'inertie du piolet par un mouvement de fouetté du poignet. Comme en escalade rocheuse, cherchez le relâchement et évitez toute position trop rigide. Dès votre ancrage effectué, desserrez vos doigts du manche pour éviter l'apparition de crampes dans les avant-bras.

En cas d'ancrage douteux, retapez au même endroit jusqu'à obtention d'un ancrage solide. En montagne, par conditions de neige dure ou de glace « sorbet », il n'est pas rare de tenir le piolet juste sous la tête pour l'ancrer d'un geste rapide sans bénéficier de l'inertie du manche. En cascade, il est souvent possible d'utiliser la technique des crochetages, qui permet un gain de temps et d'énergie important. Elle consiste à placer sa lame de piolet dans les trous d'ancrage préexistants ou derrière les différentes sculptures de glace : méduses, choux-fleurs, colonnettes, etc.

- **Le cramponnage** : on peut définir trois méthodes principales de cramponnage :
- Les pieds à plat : le but consiste à faire pénétrer le maximum de pointes de crampon en se tordant la cheville, technique dans laquelle Armand Charlet excellait.
- Le cramponnage mixte avec un pied à plat et l'autre en pointes avant, qui se révèle souvent le moins fatiguant sur le plan musculaire.
- Le frontal : seules les pointes avant sont en contact avec la glace.

Cramponnage frontal en pointes avant.

Ces différentes techniques peuvent être associées dans un but d'efficacité et d'économie gestuelle. La glace possédant souvent des reliefs, particulièrement celle de cascade, utilisez-les pour placer vos pieds à plat. Cela aura pour effet immédiat un relâchement musculaire au niveau des mollets. Quelle que soit la technique employée, n'hésitez pas à taper la glace d'un coup sec et vif pour donner le maximum d'effet à votre planté de crampon. Il faut faire « mordre » le crampon dans la glace.

Lorsque vous grimpez sur les pointes avant, pensez à abaisser votre talon pour appuyer les quatre pointes avant sur la glace et obtenir ainsi une meilleure répartition des efforts. C'est aussi une méthode d'étirement efficace pour détendre vos mollets lorsque vous remontez de longues pentes d'inclinaison moyenne à 55/60°, appelées de façon imagée « pète-mollet ».

Dans la goulotte Perroux au Triangle du Tacul.

L'ENTRETIEN DU MATÉRIEL

Un matériel efficace est un matériel entretenu. Les fabricants fournissent, avec leurs produits, des notices explicatives dans lesquelles est indiquée la méthode d'entretien adaptée à chaque produit. Sans se substituer à leur lecture, on peut donner ici quelques conseils simples concernant le matériel de glace :

- Votre équipement est soumis à de fortes contraintes liées notamment à l'humidité, au froid et à l'abrasion. Prenez l'habitude de le faire sécher après chaque sortie.
- Aiguisez crampons et piolets dès que nécessaire. Il en va de votre sécurité. Mais attention cependant à ne pas chauffer les pointes de vos crampons ou la lame de votre piolet. Lorsque le métal bleuit, c'est trop tard !
- Les broches à glace peuvent également s'aiguiser. Si vous n'avez pas accès à une machine spécifique pour aiguiser le trépan des broches, faites-le vous-même. Pour cela, munissez-vous d'une lime triangulaire de bonne qualité à petite section. Avec celle-ci, redonnez un coup de neuf sur les côtés du trépan en respectant l'angle déterminé initialement par le fabricant.
- Pour augmenter la durée de vie de vos broches, prenez pour habitude de ne jamais forcer lors de leur mise en place.

Si une broche vous pose un problème de décarottage, vous pouvez enduire l'intérieur du tube avec de la silicone en bombe.

- Concernant les cordes, faites-les sécher soigneusement après chaque sortie pour préserver leur traitement *dry*.

04

ÉVOLUER SUR UN GLACIER

LE SAUVETAGE EN CREVASSE

Le risque principal sur un glacier est l'effondrement d'un pont de neige et la chute en crevasse. Sur glacier enneigé, vous devez être encordé en permanence. Contrairement aux ascensions plus techniques où le nombre de participants est limité, une caravane de nombreux alpinistes sur un glacier présente des avantages de sécurité indéniables par rapport à une cordée de deux.

L'encordement en N avec quatre nœuds placés sur la corde.

L'encordement

L'encordement pour une cordée de deux est basé sur le principe du « N ». La longueur de la corde (environ 50 m) est divisée en trois parties à peu près égales. Le tiers médian est constitué par la corde tendue, laquelle sert à relier directement les personnes à une quinzaine de mètres de distance. Les deux autres tiers constituent la réserve disponible pour chaque alpiniste. Celle-ci doit être facilement accessible. Si l'on possède deux brins de corde, l'idéal est le « N tronqué ». Celui qui transporte le deuxième brin dans le sac à dos n'a pas besoin de réserve.

L'encordement long est indispensable sur glacier.

Sur la photo de la page précédente, on voit qu'il est envisageable, dans des zones très crevassées ou engagées, de faire des nœuds sur la partie corde tendue, pour aider à l'arrêt de la chute (trois ou quatre nœuds espacés de 2 à 3 m). Néanmoins, cette technique impose d'avoir une réserve de corde suffisante pour effectuer un mouflage ou un auto sauvetage.

La connexion de la corde avec le harnais s'effectue au moyen d'un nœud de 8 et de mousquetons de sécurité rattachés au pontet.

Encordement sur mousqueton directionnel.

Encordement sur deux mousquetons (un de sécurité + un normal).

Franchissement d'une crevasse.

Le sauvetage en crevasse

Sur glacier, on doit être prêt à agir rapidement et efficacement dans le cas d'une chute. Ici encore, un entraînement en situation réelle et l'apprentissage des gestes et techniques à mettre en œuvre sont indispensables.

Le choix de l'itinéraire dépend de la lecture du terrain. Le matériel de sauvetage en crevasse doit être accessible et organisé rationnellement.

Pour une cordée de deux personnes, il est primordial que chacun soit préparé à la situation qu'il aura éventuellement à surmonter. Soit on est en surface, et il faut d'abord enrayer la chute, constituer un amarrage et ensuite mettre en œuvre une démultiplication : le mouflage.

Soit on se trouve dans la position « du lustre au milieu du salon » et il faut envisager un auto sauvetage.

Un autobloquant en cordelette peut être pré-installé sur la corde.

L'autobloquant ne doit pas supporter le choc d'une éventuelle chute.

L'alpiniste a suspendu son sac au bout de la réserve de corde.

La communication étant souvent impossible, mener à bien, individuellement et simultanément, ces deux actions (mouflage et auto sauvetage) va permettre de se sortir de ce mauvais pas. Il est en effet très difficile d'extraire rapidement une personne d'une crevasse si l'on est seul en surface.

Selon les circonstances et le savoir-faire des alpinistes, une chute en crevasse reste une simple péripétie ou, au contraire, devient un accident aux conséquences pouvant être graves, du fait du refroidissement rapide de l'organisme.

Toujours encordé, il progresse sur la corde en déplaçant le bloqueur proche du harnais en prenant appui sur l'étrier de pied.

Auto sauvetage : chronologie des opérations

Cette technique, qui n'est pas spécifique aux crevasses, peut être mise en œuvre avec certaines adaptations, dans des situations telles qu'une chute en paroi rocheuse ou les remontées sur corde fixe.

Si vous êtes en contact avec la paroi de la crevasse, vissez une broche à glace pour vous y suspendre afin de soulager la tension sur la corde et de faciliter la suite des opérations.

- Reprenez vos esprits pour agir efficacement.
- Suspendez votre sac au bout de la réserve de corde.
- Positionnez un anneau servant d'étrier pour relier votre pied à un bloqueur mécanique déjà installé sur la corde.
- Prenez appui sur votre étrier et dressez-vous pour connecter le bloqueur à votre harnais. À ce stade, une petite boucle de corde se forme devant votre nœud d'encordement.
- Mettez en place un deuxième autobloquant en cordelette au-dessus.
- Transférez l'étrier de pied sur celui-ci.
- Prenez appui sur le pied et rattrapez le mou avec le bloqueur mécanique.
- Répétez ces opérations en décalant alternativement les autobloquants jusqu'à la lèvre de la crevasse.
- Le franchissement pouvant être difficile lorsque la corde entaille profondément la lèvre, il est conseillé de faire un renvoi de la corde dans l'autobloquant du haut.
- Dégagez au maximum la lèvre de la crevasse en creusant la neige à l'aide du piolet.

L'ÉQUIPEMENT POUR LE SAUVETAGE EN CREVASSE

Il est évident qu'en cas de chute, on résiste mieux au froid de la crevasse lorsqu'on est correctement équipé de vêtements isolants et de gants.

- **Corde**
- **Piolet**
- **Crampons**
- **Harnais**
- **4 à 5 mousquetons libres**
- **Plusieurs anneaux de tailles variées en cordelette ou sangle fine**
- **Un bloqueur mécanique au minimum**
- **3 ou 4 mètres de cordelette**
- **Un couteau**
- **Poulies éventuellement**
- **2 broches à glace**

Un mini-mouflage réalisé par un renvoi de la corde sur l'autobloquant supérieur facilite le franchissement de la lèvre.

Installation du piolet en corps-mort.

Transfert de la traction sur l'amarrage.

Arrêt de chute et mouflage : chronologie des opérations

Les nœuds éventuellement confectionnés sur la corde tendue participent efficacement à l'arrêt de la chute mais il est impossible de les défaire sous charge, interdisant de fait la confection d'un mouflage avec cette partie de la corde.

- Si d'autres alpinistes sont à proximité, appelez à l'aide.
- Stabilisez-vous dès que possible grâce aux pieds ; retenir longtemps le poids de votre compagnon en suspension peut être très inconfortable
- Confectionnez avec soin un amarrage avec un corps-mort (piolet ou sac à dos).
- Fixez sur cet amarrage un bloqueur mécanique sur la corde tendue entre vous et votre compagnon.
- Transférez le poids progressivement sur cet amarrage.
- Libérez ensuite votre réserve de corde. Après avoir installé un autobloquant sur la corde et l'avoir relié à votre harnais, déplacez-vous au bord de la crevasse et évaluez la situation de votre compagnon en communicant avec lui si possible. Décidez de la meilleure option pour rendre le sauvetage efficace.
- Dégagez la neige au niveau de la lèvre, et placez un objet limitant le frottement de la corde.
- Installez les différents éléments de démultiplication du mouflage.
- Tirez avec votre harnais pour optimiser le rendement.
- Quand votre compagnon est près de la lèvre, aidez-le directement.

En position inconfortable à cause de la traction, il faut installer un amarrage solide avec le piolet en corps-mort et transférer la traction sur un bloqueur.

Le mouflage.

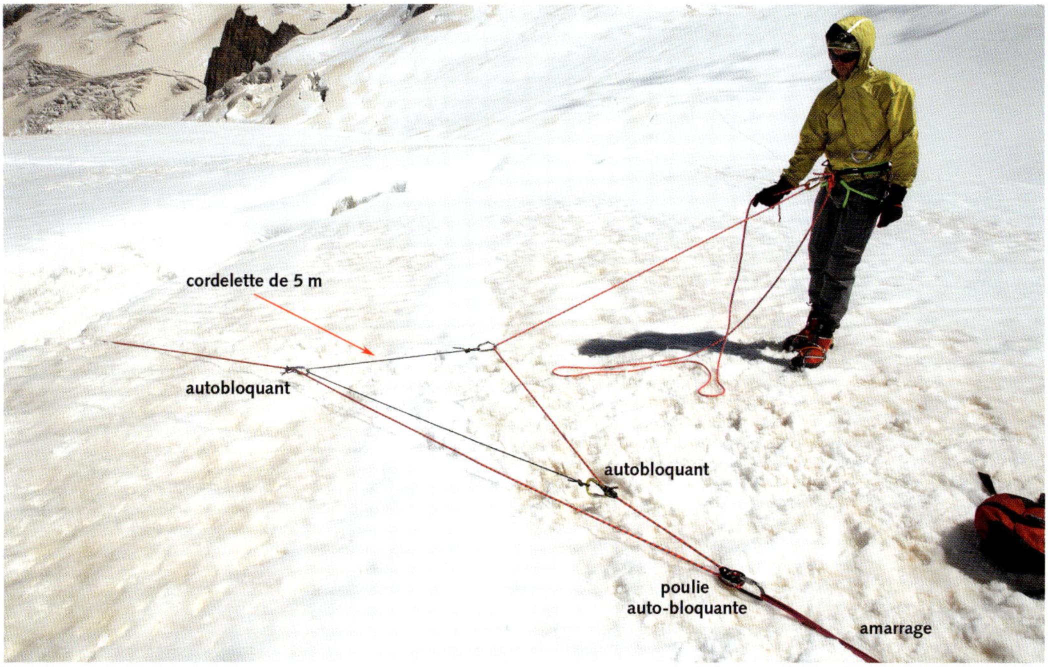

05

LES MODES DE PROGRESSION ET D'ASSURANCE

- Le déplacement sur glacier
- La progression simultanée, l'assurance en mouvement
- La progression longueur par longueur
- La descente en rappel

Reliés par la corde, les participants d'une ascension en montagne constituent une cordée, généralement de deux ou trois personnes. Selon la configuration du terrain et la difficulté, les techniques d'encordement, d'assurance et de progression vont varier pour s'adapter aux exigences de sécurité. On peut les classer dans l'une des quatre grandes familles citées ci-dessus.

Passage d'un pont de neige sur le glacier du Géant.

Le déplacement sur glacier

La marche sur glacier peu raide, dans le cas d'approches ou de randonnées glaciaires est particulière ; le risque majeur est la chute en crevasse. En cas d'effondrement d'un pont de neige il est impératif d'être immédiatement retenu.
Les membres de la cordée progressent simultanément à corde tendue, séparés par 15 à 20 mètres de distance afin d'absorber plus facilement le choc d'une chute éventuelle.
On parle d'assurage passif en opposition aux autres terrains où la sécurité dépend de nombreuses adaptations des manipulations de la corde et l'utilisation d'autres équipements.

La progression simultanée, l'assurance en mouvement

Les alpinistes encordés évoluent simultanément. La sécurité dépend de la capacité de chacun à se déplacer de manière sûre et être stable en toute situation.
Le rôle du leader est prépondérant puisqu'il doit être à l'aise lui-même pour enrayer instantanément le moindre déséquilibre de son compagnon. C'est donc un mode de progression très simple et rapide, mais qui requiert une très grande expérience.

L'assurage court et tendu, gage de sécurité.

En l'absence de points de protection autres que les reliefs du terrain, la sécurité de la cordée va dépendre de l'anticipation, de la vigilance et de la juste évaluation de ses capacités techniques. Excepté sur les arêtes neigeuses cornichées, la distance d'encordement doit être faible pour favoriser la communication et la réactivité.

Le premier de cordée placé au-dessus, à la montée comme à la descente, tient fermement la corde tendue vers son compagnon. Chacun doit confectionner quelques anneaux de buste avec la corde pour offrir plus de souplesse à l'évolution, tout en permet-tant d'adapter la distance d'encordement aux difficultés du terrain, mais seul le premier de cordée conserve quelques anneaux dans la main.

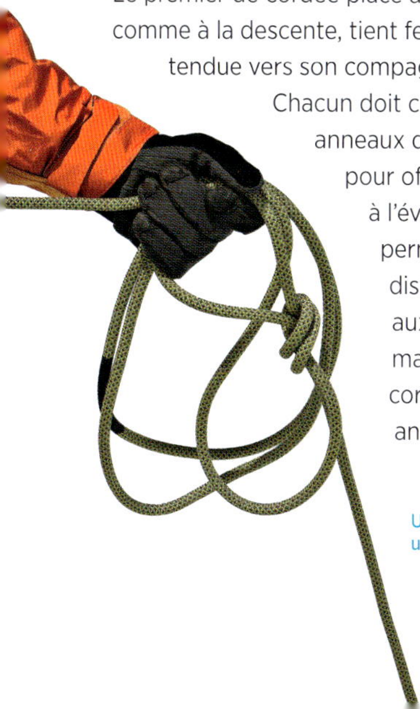

Une queue de vache permet une bonne préhension.

Les deux membres de la cordée avancent simultanément.

Une situation particulière à mettre en œuvre avec parcimonie en terrain délicat est la progression corde tendue avec des amarrages intermédiaires. D'une manière générale, il faut être particulièrement vigilant et, dans le doute, choisir de progresser longueur par longueur avec de solides relais.

Cordée réversible dans *Tabou* à la Chandelle du Tacul.

La progression longueur par longueur

C'est la technique de progression et d'assurance adaptée au terrain difficile où le risque de chute est important. Les membres de la cordée progressent l'un après l'autre en utilisant en général toute la longueur de la corde (40 à 50 m).

Le grimpeur de tête est assuré (au corps, avec un frein mécanique, ou au demi-cabestan selon les cas) par le second resté immobile. Il connecte une succession de points de protection intermédiaires (pitons, becquets rocheux, broches à glace, coinceurs) à la corde au moyen de mousquetons et de dégaines.

Quand la longueur est gravie, il s'installe et s'auto-assure au relais qu'il aura constitué, vérifié ou consolidé si besoin, afin que celui-ci devienne un amarrage d'une résistance absolue. Grâce à une communication simple, la chaîne d'assurage n'est jamais rompue.

Ensuite, il assurera le second depuis le relais afin que celui-ci puisse gravir la longueur avec un niveau de sécurité supérieure, les chutes éventuelles étant généralement sans conséquences.

Le second de cordée, ayant récupéré le matériel, peut alors s'auto-assurer au relais et répéter l'opération. Il peut aussi partir à son tour en tête dans la longueur suivante : c'est la progression « en réversible ».

Dans la goulotte Lafaille au mont Blanc du Tacul.

La descente en rappel

À la descente, en l'absence de cheminement facile en marche ou en désescalade, on adapte la progression longueur par longueur « à l'envers », en utilisant la corde pour descendre. Bien que relativement simple, cette procédure doit être effectuée très méthodiquement, une erreur de manipulation ou de communication pouvant conduire, comme souvent en alpinisme, à une issue tragique.

Depuis un amarrage de rappel, lequel présente les mêmes caractéristiques qu'un relais de progression, la corde est placée en double, les deux brins strictement égalisés.

Ensuite, on installe, sur les deux brins de corde, un autobloquant en cordelette pour stopper la descente en cas de problème et un frein (le descendeur) sur une longe en corde dynamique reliée au harnais, afin de contrôler le glissement provoqué par le poids en suspension.

La descente en rappel peut alors commencer avec précaution.

Arrivés sur une partie plane ou un autre amarrage de rappel, les alpinistes s'auto-assurent et tirent sur un brin pour rappeler la corde.

Descente en rappel de la Chandelle du Tacul (à noter : la corde est reliée au relais par une « queue de vache ».

06

LES COTATIONS

Les ouvreurs de voies d'escalade, de cascade de glace ou d'itinéraires de haute montagne proposent souvent un topo de leur ascension après l'avoir réalisée. Généralement, outre photos et accès, ce topo propose une cotation de l'itinéraire. Ce dernier renseignement donne une information sur l'engagement et la difficulté technique de l'escalade. L'indication de la cotation est une combinaison lettrée et chiffrée qui permet de définir une échelle graduée de difficulté. Cependant, il ne faut pas oublier que cette information n'a pas de valeur universelle. Ce n'est qu'une interprétation subjective d'une difficulté.

Les cotations s'entendent habituellement par bonnes conditions. Toutefois, on comprendra facilement que les conditions météorologiques, d'enneigement et de température influent directement sur la difficulté de l'itinéraire. Une grande voie en altitude ne ressemble en rien à une voie de 3 à 4 longueurs en fond de vallée, malgré une cotation similaire. En cascade de glace ou en escalade mixte par exemple, la température, l'épaisseur de la glace, de la neige, la fréquentation, sont autant de facteurs susceptibles de modifier la difficulté d'un passage. La présence de points posés par des cordées précédentes (pitons, friends coincés) est également un facteur qui influe directement sur la difficulté d'une longueur. L'expérience, l'information et le bon sens sont des atouts indispensables à la compréhension des cotations.

Différents systèmes de cotation sont utilisés à travers le monde suivant les pays et les terrains.
En escalade, on a depuis longtemps établi un tableau de correspondance entre les différents systèmes :

En France, on utilise actuellement :

Pour l'escalade rocheuse

En escalade libre, un chiffre arabe suivi d'une lettre a, b, c
3-4 c : terrain facile ; convient pour les premiers pas.
5a-5c : pour le pratiquant régulier ; niveau très accessible « à vue ».
6a-6c : demande une pratique régulière tout au long de l'année.
7a-7b : gestuelle évoluée et exigence physique très marquée.
7c-8b : haute difficulté, demande un entraînement très poussé. Niveau réalisable habituellement « après travail ».
8c-9a/b : réservé à l'élite. Niveau maximum actuel.

Pour l'escalade artificielle, la lettre A et un chiffre arabe jusqu'à 5. La difficulté exprimée par les cotations intègre

France	UIAA	USA	Australie	G-B
3-4		5.0-5.4	10-11	
		5.5-5.6	12-13	
5a	V+	5.7	14-15	4c
5b	VI-	5.8	16	
5c	VI	5.9	17	5a
6a	VI+	5.10a	18	5b
		5.10b	19	
6b	VII-	5.10c	20	5c
	VII	5.10d	21	
6c		5.11a	22	6a
	VIII-	5.11b	23	
7a	VIII	5.11c	24	
	VIII+	5.11d	25	6b
7b		5.12a	25-26	
	IX-	5.12b	26-27	
7c	IX	5.12c	27	6c
	IX+	5.12d	28	
8a		5.13a	28-29	7a
	X-	5.13b	29-30	
8b	X	5.13c	30-31	
	X+	5.13d	31-32	7b
8c		5.14a	32	
	XI-	5.14b	32-33	
9a, 9b	XI	5.14c	33-34	
		5.14d	34	

les notions de difficulté de placement des points de progression, l'aléa de leur tenue et le risque de hauteur de chute et de blessures.
A0 : c'est l'ancien « tire-clous », appelé désormais « point d'aide ». Dégaines en main, on utilise les points d'assurance pour progresser.
A1 : artificielle simple ; les points sont généralement solides. Les étriers sont nécessaires.
A2 : certains placements sont délicats, mais la chute potentielle est sans risque et d'une hauteur limitée.
A3 : de longues successions de points qui ne peuvent soutenir que le poids du corps. Nécessite habituellement plus d'une heure d'escalade par longueur.
A4 : artif extrême. L'escalade est technique et psychiquement éprouvante. La chute peut être sévère. Un équipement spécifique est nécessaire (crochets, pitons-rasoirs, plombs ou copper heads).
A5 : tout est extrême. Mouvements délicats, rocher parfois incertain et fort engagement mental. Il faut compter 6 à 8 h par longueur. Aucun point ne tient plus que le poids du grimpeur en progression. Chute potentielle de 40 à 100 m dangereuse…

Pour l'escalade glaciaire
C'est une cotation à double entrée.
D'abord un chiffre romain de I à VII qui indique le degré d'engagement de l'itinéraire, en tenant compte de la difficulté d'accès et de retraite, des risques objectifs, de la longueur et de la qualité des protections.
Échelle d'engagement
I : itinéraire court. Approche quasi inexistante.
II : itinéraire plus long. Approche non négligeable. Retraite encore aisée.
III : itinéraire d une petite journée. Retraite délicate.
IV : itinéraire d'une journée, long et isolé. Retraite très difficile.
V : itinéraire très long, accès difficile. Retraite problématique dès l'attaque de la voie. Échappatoires rares et délicates.
VI : itinéraire très long de plusieurs jours, totalement isolé. Approche délicate. Impossibilité de faire demi-tour. Une totale autonomie de la cordée est requise.
VII : mêmes caractéristiques que le grade VI, mais avec une ampleur et une continuité telles que la voie justifie un grade supplémentaire. Dangers objectifs importants.

Ensuite, un chiffre arabe de 1 à 7 pour indiquer **la difficulté technique pure**. Celle-ci est fonction de la raideur de l'itinéraire, de la difficulté à se protéger, de la solidité de la structure.
On utilise la lettre R pour indiquer de la glace mince et la lettre X pour un risque d'écroulement.
1 : balade sur glace avec des crampons.
2 : une longueur de 50°-60° en glace de bonne qualité.
3 : passages à 60°-70° avec de bons repos.
4 : sections de 15 à 20 m à 70°-85°.
5 : longueur soutenue à 85°-90°.
6 : longueur très soutenue à 90° avec très peu de points de repos.
7 : longueur verticale ou surplombante sur glace pouvant être fine et fragile. Protections difficiles ou impossibles.

Cotation en escalade mixte et dry tooling
Apparue au début des années quatre-vingt-dix, cette pratique nouvelle consiste à escalader de longues sections rocheuses en utilisant piolets et crampons en « ancrages secs ». On crochète les réglettes et on coince les lames de piolets et les pointes de crampons dans les fissures. C'est, en quelque sorte, la radicalisation de ce que l'on appelait auparavant l'escalade mixte.

La cotation comporte une lettre M pour Mixte et un chiffre de 1 à 14 :
M1-M3 : facile ; l'utilisation du piolet n'est pas obligatoire.
M4 : le grimpeur a recours aux techniques de crochetage spécifiques au dry tooling.
M5 : quelques sections verticales.
M6 : nombreux passages verticaux.
M7 : longues sections verticales à déversantes.
M8 : longueur déversante.

Les cotations au-delà de M7/M8, rarement rencontrées en montagne, sont généralement réservées au dry tooling pur qui se pratique sur des sites dédiés à cette activité, comparables aux falaises d'escalade sportive.

En haute montagne
On utilise un système de cotation global qui classifie les courses de F (facile) jusqu'à ED (extrêmement difficile), voire même ABO (pour abominable ou « abomifreux »).
La cotation est éventuellement affinée à l'aide d'un + ou d'un -

Symbole	Signification	Correspondance en difficulté rocheuse à titre d'exemple
F	Facile	
PD	Peu difficile	
AD	Assez difficile	3
D	Difficile	4
TD	Très difficile	5 - 6a
ED	Extrêmement difficile	6b - 7a
ABO	Abominable	7b et +

À titre d'exemple, une voie TD comporte de nombreux passages en 5/5c. Pour un itinéraire en glace, la voie comportera une ou plusieurs longueurs à 60° ou 70°.

Attention ! À cotation de difficulté technique égale, l'altitude, le poids du sac, la longueur, le peu d'équipement en place, la fatigue liée à l'approche, l'environnement hostile, tout cela modifie totalement la donne. De ce fait, en haute montagne, il est prudent de ne pas aller jusqu'à son niveau maximum de falaise.

07

LES COURSES EN HAUTE MONTAGNE

- Choisir son (ou ses) compagnon(s) de cordée
- Se préparer sur le plan physique et technique
- Rechercher des informations
- Savoir attendre les bonnes conditions
- Confectionner son sac
- Le déroulement de la course
- Demander des secours

De nombreux facteurs interviennent dans le choix d'une course: les lectures, les récits d'amis, une paroi observée de longues heures durant ou simplement entr'aperçue, le plaisir et les difficultés qu'y ont trouvés d'autres alpinistes... Autant d'éléments de la décision! Et puis, il existe des raisons qu'on ne connaît pas vraiment et c'est peut-être aussi bien ainsi. L'irrationnel est une des composantes de l'alpinisme et il faut, comme pour d'autres domaines de la vie, accepter de ne pas tout comprendre parfaitement.
Comme un voyage lointain, une course s'imagine, se rêve puis se prépare. Vous ne partiriez pas au bout du monde sans choisir avec soin vos compagnons de route et sans connaître votre itinéraire, les conditions climatiques du pays et le contenu des bagages pour assurer votre confort et votre sécurité...

Choisir son (ou ses) compagnon(s) de cordée

S'encorder avec un ou des compagnons n'est pas un choix innocent. La corde vous lie à l'autre. Elle sert à vous protéger, mais elle peut aussi vous perdre en cas de mauvaise utilisation.
Ne partez jamais avec une personne que vous connaissez mal ou peu, car le meilleur, comme le pire, sont toujours possibles.

L'esprit de cordée.

Une bonne connaissance des aptitudes physiques, techniques et psychologiques de votre compagnon est indispensable pour envisager sereinement une course et la réussir dans de bonnes conditions de sécurité.
Vous devez savoir si cette personne peut vous seconder dans le rôle fondamental de premier de cordée et assumer sa part de responsabilité en grimpant en réversible (chacun à son tour en premier de cordée), ou si vous devez conduire la course dans son intégralité.
Le premier de cordée détient le rôle essentiel de leader. C'est lui qui doit prendre les décisions importantes sur l'itinéraire à suivre, la pose des points de protection et le choix des techniques de sécurité. Il est responsable de la sécurité de la cordée, particulièrement dans le cas de la progression simultanée.

Face aux aiguilles de Chamonix.

07

LES COURSES EN HAUTE MONTAGNE

Se préparer sur le plan physique et technique

Avoir une bonne condition physique est un préalable indispensable pour aller en montagne. La marche, la course à pied, la bicyclette et l'escalade rocheuse sur bloc, en falaise ou sur mur d'escalade artificiel constituent la base de l'entraînement en alpinisme. Les plus chanceux, qui habitent en montagne, pourront aussi faire de la cascade de glace, du ski de randonnée ou de fond.
Essayez de vous entraîner régulièrement pour garder une bonne forme physique tout au long de l'année. Toute longue interruption de l'entraînement demandera beaucoup d'efforts et de temps pour retrouver votre niveau habituel ou souhaité.

Rechercher des informations

La préparation matérielle d'une ascension commence par la collecte de renseignements pratiques sur l'itinéraire envisagé. Consultez les cartes topographiques, les topo-guides, les articles dans des revues spécialisées ou sur internet.
Des forums sur le net permettent de demander des renseignements précis sur les conditions d'une course à des alpinistes l'ayant gravie récemment. Les offices de tourisme, les bureaux de guides et les clubs d'alpinisme sont aussi d'excellents lieux ou quérir des informations.
Ne vous focalisez pas uniquement sur l'ascension proprement dite en négligeant l'approche et la descente. Une vision globale de la course vous permettra, notamment si les conditions météo se dégradent rapidement, de vous adapter plus efficacement.
Une préparation cartographique rigoureuse est à ce sujet un important gage de sécurité.

Savoir attendre les bonnes conditions

Il faut parfois prendre son temps, attendre que la montagne se présente sous son meilleur jour, que les conditions soient bonnes, pour concrétiser son rêve. Chaque course possède un état idéal pour être parcourue. C'est essentiellement une conjonction de bonnes conditions météo, d'enneigement de la montagne et de fréquentation.

Généralement, du rocher sec et des températures douces sont propices aux courses de rocher, alors qu'inversement, des températures froides et un peu de neige sur les rochers et la glace le sont pour les courses de mixte ou de glace.
Mais une montagne trop sèche est favorable aux chutes de pierres. Trop de neige, la progression devient lente et laborieuse avec des risques d'avalanches. Trop de glace vive, et une course de quelques heures habituellement en neige peut se transformer en une ascension pénible et bien longue.
Intéressez-vous à l'isotherme signalé dans le bulletin météo. L'isotherme zéro représente l'altitude minimale à laquelle la température atteint la valeur de 0 °C dans une atmosphère libre.

Lever du jour incertain sur l'arête Midi-Plan.

Au-dessus de cette altitude, les températures sont négatives, en dessous, elles sont positives. Il peut y avoir de petites variations dues à la présence ou non de nuages, de vent, de soleil mais cette information reste essentielle avant de décider de faire une course de neige, de glace ou de mixte.
Un isotherme haut, à 4 000 m par exemple, signifie que vous ne trouverez de bonnes conditions de gel qu'au-delà de 4 000 m. Si la course que vous envisagez se situe en dessous, il y a de fortes chances pour que la neige ne porte pas. Par conséquent, votre progression sera plus lente et des chutes de pierres seront possibles.

Au-delà de ces variations quotidiennes, soyez attentif aux variations de plus longue échéance. L'état des glaciers et des barres de séracs change rapidement depuis quelques années, et un itinéraire en bonnes conditions auparavant (indiqué comme tel sur un topo, par exemple) peut ne plus passer aujourd'hui ou être devenu dangereux (l'inverse est aussi possible).

Essayez d'avoir des renseignements sur l'état de l'équipement en place dans la voie envisagée. Si cette information n'est pas bien importante pour la plupart des courses de neige où il n'y a pas d'équipement à demeure, elle l'est pour les courses rocheuses et la plupart des goulottes de glace.

Une voie peu fréquentée, avec un équipement vieillissant, vous obligera, pour le compléter, à emmener plus de matériel.

La méthode du 3 X 3 et la gestion des risques

En s'inspirant de la méthode de « réduction » développée par le guide-nivologue suisse WernerMunter, l'ENSA propose un outil ayant pour but d'optimiser la gestion des risques d'une course en montagne. Il s'agit de la méthode dite du 3 par 3 dont le principe est de formaliser toutes les questions qu'un alpiniste doit se poser dès lors qu'il projette une ascension. Cette méthode de filtres décisionnels, présentée sous la forme d'un tableau, doit vous permettre de rationnaliser la préparation de la course pour donner lieu à une véritable stratégie d'ascension en vue de minimiser les risques.

3 X 3	Critère 1 Le facteur humain	Critère 2 Les conditions météorologiques et de la montagne	Critère 3 Le terrain
Premier filtre Lors de la préparation	Niveau technique, état physique et psychique. Niveau d'expérience.	Prévisions météo Renseignements sur les conditions de la course envisagée (internet, gardien de refuge, etc.)	Topo, photo, carte Identification et localisation des risques objectifs. Identification et évaluation des difficultés (passages clefs). Alternatives, plan « B »
Décision	**Maintien du projet ?**	**Solution alternative ? Annulation ?**	**Solution alternative ? Annulation ?**
Second filtre Au début de l'activité	Quel est l'état physique et psychique de la cordée. Contrôle de l'équipement, de l'horaire.	Prise du dernier bulletin météo avec une lecture des différentes composantes ; visibilité, précipitations, vent, température…	L'itinéraire et les conditions de la montagne correspondent-ils aux informations recueillies et à la représentation mentale que je m'en faisais ?
Décision	**Maintien du projet ? Plus de précautions ?**	**Solution alternative ? Renoncement ?**	**Solution alternative ? Renoncement ?**
Troisième filtre Pendant l'activité, gestion des passages clés	Fatigue, niveau technique et physique réel. Choix de la technique de progression (assurage en mouvement vs tirer des longueurs). Respect de l'horaire.	Conditions météorologiques prises en temps réel, sur les différents niveaux précités.	Conditions et difficultés rencontrées. Vérification de l'équipement en place, pertinence de celui emporté. Faisabilité d'une retraite.
Décision	**Maintien de l'engagement dans l'itinéraire ?**	**Plus de précautions ? Renoncement ?**	**Plus de précautions ? Renoncement ?**

Confectionner son sac

« Au moment de faire son sac, emporter le minimum : le poids est l'ennemi. Par contre, ne rien oublier. »
Gaston Rébuffat, Glace, neige et roc, 1970

Faire son sac, c'est un peu résoudre la quadrature du cercle. Il faut avoir le nécessaire, et même un peu plus si vous aimez votre confort avec, cependant, un minimum de poids.
Comme il est loin le temps où le matériel contribuait pour partie à la difficulté d'une ascension ! Il faut revoir les anciennes photos des pionniers qui, habillés en gentlemen-farmers, tentaient l'ascension de l'Everest, pour prendre toute la mesure du courage qui les animait. Aujourd'hui, heureusement, l'alpiniste n'est plus obligé de souffrir du fait de son équipement pour parcourir les montagnes. La recherche et l'innovation ont permis des avancées considérables, tant sur le plan du matériel technique que celui de la protection. À condition de faire de bons choix, vous ne risquez donc plus de rester congelé dans vos vêtements de coton gorgés d'humidité.

Dans la traversée de la Vallée Blanche.

L'amélioration du matériel est allée de pair avec un allégement toujours plus important. Piolets, crampons et mousquetons ne lestent plus vos sacs à dos de façon inutile.
Choisir le bon équipement demande de réfléchir au type de course que vous envisagez : rocher, mixte, glace, etc. Une fois votre projet décidé, vous pourrez prévoir quel matériel utiliser pour le réaliser. Cependant, quels que soient le terrain et la course, vous pouvez tenir compte de quelques paramètres simples pour vous aider dans ce choix.

Privilégiez la légèreté : selon le fameux principe qui veut que des grammes en moins soient des forces en plus, n'hésitez jamais à alléger votre équipement, sans pour autant nuire à votre sécurité.
Ne renoncez pas à la robustesse : c'est ici que réside la difficulté du choix, car vous devez essayer d'être léger sans faire abstraction de la solidité. Pensez que votre matériel peut être mis à rude épreuve à l'occasion de vos sorties en montagne.
Favorisez la polyvalence : pour vous permettre d'utiliser votre équipement dans la majorité des situations rencontrées en montagne, choisissez un matériel généraliste que vous pourrez employer où que vous alliez.

Une fois pris en compte ces quelques paramètres, vous n'avez plus que l'embarras du choix car les fabricants rivalisent d'inventivité et de technologie pour mettre sur le marché des équipements toujours plus performants.

Sur l'arête est du Liskamm oriental.

Sur l'arête est du mont Maudit.

De la tête aux pieds

Le casque: il est le compagnon indispensable de l'alpiniste, qui le choisira confortable et fonctionnel et, bien évidemment, aux normes.

Le couvre-chef: un bandeau, un bonnet ou un passe-montagne selon la course envisagée, pour garder vos oreilles bien au chaud.

Les lunettes: des lunettes de glacier de classe 4 sont les seules qui vous protégeront efficacement contre la nocivité du rayonnement solaire amplifiée par l'intensité de la réflexion de la neige.

Les sous-vêtements: thermiques, ils permettent d'évacuer efficacement la transpiration vers l'extérieur. Privilégiez la laine au pur synthétique. Celle-ci semble plus adaptée à une utilisation en montagne, car elle ne sent pas dès les premières heures d'effort.

La couche intermédiaire: pour cette couche de vêtement, généralement constituée de fibres polaires, affirmez vos goûts tout en pensant à leur utilisation. Le vêtement adapté est celui qui est polyvalent et robuste tout en restant suffisamment souple pour ne pas gêner.

La couche extérieure: ici aussi, évitez tout effet carcan et retenez des vêtements qui autorisent une grande aisance de mouvements. Au désormais classique Gore-tex sont venues s'ajouter de nombreuses membranes toutes plus efficaces les unes que les autres, si l'on en croit la publicité. Choisissez des systèmes éprouvés plutôt que le dernier modèle apparu sur le marché. Quant aux couleurs et aux formes, laissez parler vos goûts.

Le sac à dos: d'un volume compris entre 30 et 50 litres, là aussi, vous n'avez que l'embarras du choix. Évitez cependant les modèles avec trop d'accessoires extérieurs qui alourdissent sans apporter de réels avantages.

Les chaussures d'alpinisme: depuis quelques années, le cuir a fait un retour en force dans la chaussure de montagne. Investissez dans un modèle hydrofuge, léger, précis et confortable, que vous aurez pris le temps d'essayer pour voir s'il s'adapte à votre forme de pied. Au besoin, louez-le pour une course, si c'est possible, avant de l'acheter.

Les guêtres: indispensables pour la montagne, elles n'ont plus forcément besoin de monter au genou pour être efficaces.

Les gants: une paire souple, précise, chaude et imperméable serait l'idéal, mais ces gants sont encore à inventer... Les gants en polartech, type windstopper sont un peu passe-partout et conviennent pour la plupart des courses classiques d'été.

Des gants chauds et imperméables, munis d'une membrane type Gore-tex sont indispensables pour les courses de neige, de mixte et, plus généralement, pour les courses en altitude.

Dans tous les cas, gardez une paire de gants chauds ou de moufles au fond du sac pour parer à un imprévu, comme la perte d'un gant, ou simplement des gants trempés. Cela vous évitera peut-être, un jour, de graves gelures.

Réservez les gants de cuir pour les courses rocheuses et les descentes en rappel, car ils se mouillent vite et peuvent geler.

L'équipement de progression et de sécurité

Il est important d'adapter votre matériel à la course envisagée. Dans la voie normale du mont Blanc, par exemple, un jeu de coinceurs ou un piolet technique sont inutiles.

Bien que nous reprenions, dans chaque chapitre, le matériel nécessaire pour la course présentée, il nous semble utile de donner ici des éléments pour vous aider lors de votre préparation.

Une fois encore, le choix est immense et il existe aujourd'hui pléthore d'équipements pour répondre aux difficultés les plus redoutables. Néanmoins, avant de vous lancer dans l'achat du dernier gadget manquant à votre collection, pensez polyvalence. Évidemment, chaque type d'ascension impose un équipement différent.

Les cordes

Les cordes modernes d'alpinisme ne permettent pas les épissures, mais elles ont des qualités qui en font des petites merveilles de technologie dont il faut prendre soin.
Outre les rayons ultraviolets, les chutes sont un facteur important du vieillissement des cordes de montagne. Le choc produit lors d'une chute, amorti par la corde, dépend essentiellement du poids du grimpeur et du facteur de chute, qui est le rapport entre la hauteur de la chute et la longueur de corde sollicitée. Sa valeur maximale en situation d'escalade est le facteur 2, qui provoque au point d'encordement une force de choc comprise entre 700 et 1200 daN. C'est la technique d'assurage (plus ou moins dynamique) et les qualités de la corde qui font la différence entre ces deux valeurs.

En plaçant un ancrage rapidement au-dessus d'un relais, vous éviterez le facteur 2. En disposant régulièrement des points d'assurage dans la longueur, vous limiterez aussi le facteur de chute et donc la force de choc en cas de dévissage.
Sur un ancrage de résistance incertaine (broche dans une glace hétérogène, pitons douteux ou petit coinceur), on peut placer un absorbeur d'énergie, lequel limite l'effort en cas de chute. L'efficacité d'un tel matériel est malheureusement estimée en dessous d'une chute de 3 à 4 mètres.

En faisant varier les techniques de tressage, la répartition proportionnelle des fils entre la gaine et l'âme, le nombre de fils de la gaine (les fuseaux) et les traitements thermiques effectués sur la fibre de polyamide, on obtient plusieurs types de cordes adaptées aux différents terrains.
Une corde à 32 fuseaux (correspondant au nombre de fils de la gaine) aura une gaine fine, souple et présentera une force maximale de choc (ou force d'impact) plus faible. Elle sera plus adaptée à l'escalade sportive.
Une corde à 48 fuseaux aura une gaine un peu plus épaisse, plus rugueuse et un peu moins souple, mais elle sera plus résistante à l'abrasion. Elle reste davantage destinée à la haute montagne car plus rustique.

Escalade sur le granit du massif du Mont-Blanc.

Pour une course en haute montagne, vous pourrez emporter une corde à simple de bon diamètre (entre 9,5 et 10,5 mm) ou une corde à double. Celle-ci vous permettra de mousquetonner alternativement un brin puis l'autre afin de réduire la force de choc en cas de chute et de limiter le « tirage ». Cette technique, très usitée en escalade glaciaire ou cascade de glace, est inutilisable avec les cordes jumelées, très légères, mais dont les deux brins doivent toujours être mousquetonnés simultanément.
Serrez toujours très fortement votre nœud d'encordement en tirant successivement sur chacun des brins ; un nœud en huit ou un nœud de chaise non serré énergiquement perd environ 30 % de sa résistance.

Pour la confection d'une longe sur un harnais, prenez de la corde dynamique d'un diamètre minimum de 8 mm, et surtout pas de la sangle qui, non dynamique, casserait au premier choc important.
Dans tous les cas, après la pluie, il ne faut pas stocker la corde humide mais la faire sécher à l'abri du soleil car, mouillée, elle est environ 10 fois plus sensible à l'abrasion.

Après un choc important (facteur de chute proche de deux) ou après 6 à 8 mois d'une utilisation sportive avec de nombreuses chutes répétées,

une corde doit être réformée et réservée pour de l'escalade sur SAE, de petites descentes de canyons ou la confection d'anneaux.
Lors de la pose d'un rappel, il ne faut pas hésiter à sacrifier quelques mètres de corde ou de cordelette, plutôt que d'exposer sa vie inutilement en se confiant à de vieux anneaux décolorés. Un anneau de corde blanchi par le soleil perd jusqu'à 80 % de sa résistance, et lorsque la décoloration atteint la gaine, le morceau de corde est totalement inutilisable.

La poussière et les grains de roche qui se glissent entre les fils de la gaine ont une action d'usure et de raidissement de votre corde. Pour pallier ce problème, il ne faut pas hésiter à la laver régulièrement à l'eau douce (dans la machine si vous voulez).
Si vous devez changer les sangles cousues des « Friends® » et autres coinceurs mécaniques, vous pouvez utiliser de la cordelette de Ø 5 à 6 mm en Dynema® ou en Kevlar® qui associent légèreté et grande résistance.

Un harnais léger et confortable. Les baudriers complets (cuissard + torse) ne sont plus utilisés, excepté pour les enfants.
Un piolet classique de 60 à 70 cm pour les ascensions en neige et mixte de difficulté modérée. Un piolet technique et un marteau-piolet pour les courses glaciaires.
Une paire de crampons de dix ou douze pointes. Proscrivez absolument les crampons aluminium qui, dès leur première utilisation sur glace ou rocher, vous procureront un grand sentiment d'insécurité en plus de s'émousser très rapidement. De même, évitez de prendre des crampons « cascade » pour aller en haute montagne, car ils ne sont pas adaptés à cet usage.
Mousquetons : leur nombre dépend de la difficulté de la course. En plus d'un jeu de dégaines de longueur variée, emportez quelques mousquetons libres à utiliser avec des anneaux et 4 mousquetons de sécurité à vis pour les relais et les descentes en rappel.
Broches à glace tubulaires. Elles constituent principalement les amarrages en glace.
Le dead man ou ancre à neige permet de faire de solides amarrages de type corps-mort dans la neige.
Les freins d'assurance ou descendeurs utilisés actuellement sont de préférence de type « seau ».
Les coinceurs. Les plus utilisés sont à câble, parmi lesquels les coinceurs mécaniques de type « Friends ». Ils se présentent en jeu de différentes tailles.
Pitons. Sauf exception, vous n'en emporterez généralement que trois ou quatre « au cas où » (renforcer un relais par exemple). Dans ce cas, il faut prendre aussi un marteau ou un marteau-piolet.
Anneaux en sangle et cordelettes. Ils servent à constituer des amarrages, notamment le couplage de relais. Proscrivez absolument les sangles d'une largeur supérieure à 20 mm, car elles peuvent entraîner la rupture du mousqueton par un effet de bras de levier. Il est préférable d'emporter 5 à 6 mètres de cordelette en 6 ou 7 mm de diamètre, pour changer des anneaux de rappel ou faire un mouflage.
Un couteau.
Lampe frontale, élément indispensable à chaque sortie en montagne. Les modèles équipés de LED sont parfaitement adaptés. Choisissez un modèle qui offre un éclairage suffisamment puissant.

Le fond de sac

C'est ce que vous devriez toujours avoir au fond du sac et qui constitue un minimum d'équipement de sécurité et de protection où que vous alliez en haute montagne.
Une paire de gants chauds ou de moufles, une paire de lunettes de glacier de rechange, une couverture de survie, de l'eau et quelques aliments énergétiques, un moyen de communication ou d'alerte pour demander du secours, une petite trousse de pharmacie, la description de l'itinéraire et le kit nécessaire à la navigation (une carte du massif au 1/25 000, une boussole, un altimètre et éventuellement un GPS pour les traversées glaciaires).
Ce fond de sac, qui contient le minimum nécessaire, reste léger et peut, en cas de problème, vous permettre de faire face à une situation d'urgence.

Chaussage des crampons au départ de la traversée des arêtes de Rochefort.

Le déroulement de la course

Les horaires

Calculer et respecter un horaire fait partie des éléments clefs de la sécurité en montagne.
Quelle que soit l'ascension projetée, les éléments principaux pour planifier votre journée sont la durée de l'escalade et l'heure souhaitée d'arrivée au sommet.
Prenons un exemple : vous projetez l'ascension estivale de la face nord de l'Ober Gabelhorn dans le Valais. Pour éviter les chutes de pierres et garder des conditions de neige ferme, notamment à la descente, vous devez arriver au sommet avant 8 h du matin.
Si vous comptez 1 h de marche d'approche depuis le refuge et 5 h d'escalade pour arriver au sommet, cela veut dire que vous devrez partir du refuge vers 2 h du matin et vous lever vers 1 h.

Les topo-guides vous donnent un horaire habituel d'ascension, mais n'oubliez pas que si les conditions de la montagne ne sont pas optimales, vous aurez du mal à le respecter. Essayez d'être le plus objectif possible par rapport à la condition physique et l'expérience de votre cordée et gardez une petite marge de sécurité. Mieux vaut se lever et partir une heure avant, plutôt que de devoir affronter des conditions de neige médiocres.

Pensez à informer vos parents, un ami ou le gardien du refuge de vos intentions et de la durée approximative de votre ascension afin qu'en cas de problème, on sache où vous êtes.

La marche d'approche

Elle ne doit pas épuiser toutes vos réserves énergétiques. Faites-la à une allure régulière, sans trop d'arrêt, en restant à la limite de votre seuil de sudation. Pensez, tout comme pendant l'ascension, à boire régulièrement avant d'avoir soif, pour éviter de vous déshydrater.
Sur glacier couvert de neige, l'encordement est incontournable. N'oubliez pas qu'il n'est efficace que si la corde est tendue.
Au pied de la paroi proprement dite, pour sortir le matériel et vous préparer à l'ascension, choisissez un endroit à l'abri des chutes de séracs, des coulées d'avalanches, des chutes de pierres et des ruissellements.
Si, par malchance, au départ d'une course mixte, d'un couloir ou d'une cascade de glace, vous constatez qu'une cordée plus matinale que vous est déjà engagée dans la voie, n'hésitez pas à changer d'objectif ou à faire demi-tour. Cela vous évitera de vous faire bombarder de blocs de glace ou de pierres que des alpinistes, même prudents, peuvent, malgré eux, faire tomber.

L'ascension

Assurez-vous régulièrement, même dans les terrains peu difficiles. N'ayez qu'une confiance limitée dans les pitons en place que vous trouvez, et aucune dans les anneaux de sangle ou de cordelette décolorés par le soleil.

N'hésitez pas à rajouter des coinceurs ou des anneaux en partant du principe que vous aurez toujours une meilleure idée de la résistance de l'équipement que vous poserez que de celui qui est en place.

Vérifiez systématiquement les relais et, si nécessaire, consolidez-les en retapant les pitons ou en rajoutant un coinceur ou un anneau.

Les pitons que vous rencontrerez n'indiquent pas toujours le bon chemin. Muni d'une cordelette, un piton n'est peut-être que l'indice d'une erreur d'itinéraire d'une cordée, suivie d'une retraite.

Les topo-guides ne sont pas précis au mètre près. Prenez l'habitude de chercher par vous-même la voie, en pensant qu'un itinéraire possède toujours sa logique. Ne foncez pas tête baissée et observez bien la montagne pour chercher les lignes de faiblesse. Mettez-vous dans l'état d'esprit des premiers ascensionnistes et essayez d'imaginer où vous seriez passé à leur place. Dans les courses rocheuses classiques, le rocher est souvent marqué par les traces de passage (griffures de crampons, usure du rocher...).

La descente

Sauf exception, le sommet atteint, l'ascension n'est pas terminée. La descente peut même, dans certaines courses, être plus délicate que la montée ; le couloir Whymper à l'aiguille Verte en est un exemple.

La fatigue amoindrit votre attention et vos réflexes, la chaleur ramollit la neige, descelle des pierres et augmente les risques objectifs.

Redoublez de vigilance pour contrebalancer ces inconvénients et restez concentré jusqu'à la fin des difficultés techniques. Pratiquez le doute systématique à propos des anneaux de rappel et n'hésitez surtout pas à les changer si leur état vous semble suspect.

Les dangers objectifs

Ils caractérisent les dangers prévisibles de la montagne, essentiellement les chutes de pierres et de séracs ainsi que les risques d'avalanche.
Pour bien les déceler, le bon sens, l'examen minutieux des conditions de la montagne et les renseignements des topos, des gardiens de refuge, etc. vous seront utiles.
Les séracs peuvent s'effondrer à tout moment, quelles que soient l'heure et la température.
De jour comme de nuit, ils constituent un danger permanent.
Dès que le soleil réchauffe une paroi, les pierres maintenues par le gel peuvent tomber. Ce risque est particulièrement présent dans les courses de neige ou de mixte.
Après une chute de neige conséquente, le risque d'avalanche apparaît en été comme en hiver.

À gauche, l'arête de Peuterey se développe jusqu'au sommet du mont Blanc. À droite, le Tacul. L'ambiance est à l'orage...

Demander des secours

Cela doit rester exceptionnel, mais tout alpiniste peut, un jour, se retrouver en grande difficulté ou assister à un accident. La gratuité des secours en haute montagne ne doit pas faire oublier qu'à chaque secours, les sauveteurs sont soumis à des risques importants.

Comment faire ?

Les codes universels de détresse consistent en un signal visuel ou sonore répété 6 fois par minute avec, entre chaque séquence, un arrêt d'une minute. Recommencer plusieurs fois jusqu'à obtenir une réponse à cet appel.
Vous pouvez utiliser, pour faire ces appels, une lampe frontale, un miroir de détresse, un sifflet ou, de nuit, des fusées rouges.
Utiliser une radio ou un téléphone portable.
Sachez néanmoins que les téléphones portables sont loin de passer partout en montagne.
Dans le cas où un hélicoptère de secouristes vient vers vous, il est d'usage de lui signaler par geste si vous avez besoin de secours ou non, car les alpinistes ayant demandé assistance ne sont pas toujours facilement localisa-bles ou identifiables par l'équipage.

Le code gestuel

08

LES COURSES DE NEIGE FACILES
LE GRAND PARADIS
(4 061 m - val d'Aoste, Italie)

Les approches

Progresser sur un glacier crevassé

S'assurer dans un passage un peu plus raide

La descente en terrain neigeux peu difficile

Le Grand Paradis est le point culminant et le seul 4000 du massif et du Parc national qui portent son nom. Ce beau sommet des Alpes italiennes occidentales est réputé pour être un des 4000 m les plus accessible des Alpes. Il constitue un objectif de choix pour les passionnés de montagne qui souhaitent découvrir l'alpinisme et l'esthétisme des lumières de l'altitude.

Son ascension peut se faire depuis le refuge Victor-Emmanuel (la voie normale), mais partir du refuge Chabot permet de parcourir un itinéraire glaciaire de grande beauté, plus varié, de difficulté et dénivelé équivalents.

Le refuge Chabot et le versant nord du Grand Paradis.

Techniquement facile, proche de la randonnée glaciaire, cet itinéraire nécessite néanmoins de connaître quelques règles et techniques élémentaires pour être parcouru en sécurité. Le glacier de Laveciau est bien crevassé par endroits et quelques barres de séracs le surplombent dans sa partie supérieure. Les pentes situées au-delà du col de la Becca di Moncorvé sont suffisamment raides pour présenter un danger de dévissage, notamment par condition de neige dure ou de glace. N'oubliez pas que cette ascension, comme la plupart des voies en haute montagne dites ou cotées «facile» sur l'échelle des difficultés, se déroule dans un milieu potentiellement dangereux, au même titre que des itinéraires plus ardus. Vous devez, avant de vous y aventurer, acquérir l'expérience et la connaissance des techniques de sécurité et d'orientation indispensables pour assurer le bon déroulement de votre ascension. Nous vous donnons ci-dessous quelques éléments susceptibles de vous aider.

Départ au petit matin du refuge Chabot.

L'encordement long est indispensable sur glacier.

- **Première ascension:** J.-J. Cowell, W. Dundas, M.-C. Payot et J. Tairraz, le 4 septembre 1860.
- **Difficulté:** F, course principalement neigeuse.
- **Équipement de la cordée**
  - Une corde d'attache d'une quarantaine de mètres minimum
  - Harnais avec mousqueton de sécurité
  - 2 broches à glace tubulaires et 2 autobloquants par personne
  - 3 à 4 mousquetons libres plus 2 anneaux de sangle
  - Piolets classiques, + éventuellement bâtons télescopiques
  - Crampons avec anti-neige
  - Chaussures d'alpinisme
  - Casque
  - Lampe frontale
  - Carte, boussole, altimètre, topo
  - Trousse de secours
- **Dénivellation:** 1300 m environ du refuge Chabot (2750 m) au sommet.
- **Horaire:** 6 à 7 heures du refuge au refuge.
- **Période favorable:** de mai à octobre, tant que les crevasses du glacier de Laveciau ne sont pas trop ouvertes.
- **Ligne générale:** du refuge Chabot, suivez la moraine rive droite puis traversez en ascendance vers la droite pour atteindre le glacier de Laveciau. Remontez ce dernier en direction du col de la Becca di Moncorvé.
  Peu avant le col, obliquez à gauche pour gravir une croupe raide puis remontez les pentes faciles sous le sommet. Celui-ci s'atteint en gravissant l'arête faîtière mixte peu difficile qui mène, par un court passage aérien, à la vierge sommitale.

Les approches

Un départ de nuit est de règle dans les courses de neige en été pour bénéficier de bonnes conditions de progression. La neige durcie par le regel nocturne permet une marche confortable et sûre à la montée et des conditions correctes pour la descente.
La veille, pensez à repérer la première partie de l'itinéraire au départ du refuge. Ceci vous évitera de longues errances de nuit, dans les pierriers et les moraines, à la recherche de cairns ou de traces de passage...
N'hésitez pas à demander conseil au gardien du refuge.
Prenez une frontale puissante pour suivre plus aisément l'itinéraire repéré. Certains modèles légers n'éclairent qu'à quelques mètres et ne sont pas très efficaces.

Progresser sur un glacier crevassé

Le risque principal sur un glacier est de chuter dans une crevasse. Rappelez-vous simplement que tout glacier enneigé est potentiellement dangereux car la neige masque plus ou moins l'emplacement et la taille des crevasses.

Avec de l'expérience vous saurez reconnaître les zones qui présentent plus de risque que d'autres (notamment les zones du glacier au profil convexe) mais la règle veut que l'on n'évolue sur un glacier qu'en étant encordé.

Vous devrez, avant de vous aventurer sur un glacier, maîtriser les techniques de sécurité suivantes:
- L'auto sauvetage
- Savoir faire un mouflage

Ci-dessus et ci-contre : encordement par l'intermédiaire d'un mousqueton de sécurité directionnel (ou de deux classiques) sur le pontet du baudrier.

L'encordement sur glacier suit quelques règles simples

- La distance d'encordement doit être environ d'une vingtaine de mètres entre les deux extrémités de la cordée (vingt mètres pour deux personnes et un peu plus pour trois ou quatre personnes), mais peut être supérieure si le glacier est très crevassé. Attention, une longueur plus courte peut être dangereuse, car vous n'aurez que peu de distance (distance de freinage...) pour arrêter la chute d'un des membres de la cordée.

- Chacun des deux alpinistes en tête et en queue de cordée a sur lui ou dans son sac une réserve de corde d'au moins 5 ou 6 mètres pour installer un mouflage en cas de chute dans une crevasse ou, éventuellement, vous soulager du poids de votre sac si vous devez sortir par vous-même de la crevasse.

- L'encordement sur le baudrier se fait directement sur le pontet par l'intermédiaire d'un mousqueton directionnel ou de deux mousquetons classiques (un à vis et un normal, par exemple) pour les alpinistes en tête et en queue de cordée. Le ou les alpinistes supplémentaires s'encordent par l'intermédiaire d'une potence (queue de vache d'une trentaine de centimètres de longueur) fixée sur le pontet de la même manière.

- La corde doit toujours être tendue entre les membres de la cordée.

- Personne ne tient d'anneaux de corde dans les mains.

- Chaque membre de la cordée a sur lui le kit minimum pour effectuer un auto sauvetage en cas de chute dans une crevasse (deux broches à glace, deux autobloquants, une grande sangle pour confectionner un étrier).

Les alpinistes en milieu de corde s'encordent sur le pontet du baudrier par l'intermédiaire d'une potence et d'un mousqueton de sécurité directionnel (ou, par défaut, avec deux mousquetons classiques).

La corde doit toujours rester tendue entre les membres de la cordée, et personne ne tient d'anneaux à la main.

La progression sur le glacier

Évitez ou contournez les zones du glacier les plus crevassées en suivant préférentiellement les parties concaves (les combes).

N'oubliez pas que toute crevasse importante se prolonge souvent latéralement sous le manteau neigeux. Cherchez à progresser perpendiculairement par rapport au sens des crevasses. Une légère dépression, une fissure ou un changement de couleur à la surface du manteau neigeux sont souvent les signes d'une crevasse sous-jacente.

Avant de franchir une crevasse, pensez, si possible, à vous décaler latéralement pour évaluer visuellement la solidité du pont de neige.

Soyez particulièrement vigilant au risque de dévissage au-dessus d'une zone de crevasses.

Les conditions d'un glacier évoluant de jour en jour, de nouvelles crevasses peuvent apparaître. Sachez qu'une trace existante n'est pas forcément synonyme de sécurité.

Les barres de séracs

Elles peuvent s'effondrer à toute heure du jour ou de la nuit, en été comme en hiver, provoquant une avalanche. Passez bien à l'écart de l'axe de coulée potentielle. Si cela n'est pas possible, traversez au plus vite la zone exposée.

S'assurer dans une pente un peu plus raide

Si la pente est plus raide, passez à un encordement court, seul moyen d'éviter le dévissage de toute la cordée.

Dès que la raideur augmente, le risque de dévissage de la cordée devient plus important que le risque d'une chute en crevasse. Vous devrez changer de mode d'assurance. Passez à une distance d'encordement de deux à trois mètres entre les membres de la cordée. Un espacement plus long a pour conséquence, en cas de dévissage d'un alpiniste, d'entraîner généralement toute la cordée dans la chute.

Rester bien à l'écart des séracs.

Si la pente est plus raide, passez à un encordement court.

LE GRAND PARADIS (4061 m - val d'Aoste, Italie)

Dans ce type de progression, le premier a la lourde responsabilité d'assurer la sécurité de la cordée. Ce doit être l'alpiniste qui a le plus d'expérience et de technique.

N'hésitez pas, si les conditions sont mauvaises (accumulation importante de neige fraîche, plaques de glace vive, mauvaise visibilité), ou si le passage vous semble trop difficile, à rebrousser chemin plutôt que prendre des risques inutiles.

Vous pouvez évoluer corde tendue, mais le premier de cordée, et seulement lui, peut faire une boucle (queue de vache) sur la corde pour mieux retenir ses compagnons.

Soyez particulièrement vigilant dans tous les passages en traversée, car les chutes pendulaires sont particulièrement difficiles à enrayer.

Un Paradis bien peuplé...

La descente en terrain neigeux peu difficile

Le principal problème des descentes dans les courses de montagne est la fatigue qui diminue la vigilance. De plus, la neige, ramollie par soleil, est de moins en moins stable sous les pieds et les ponts de neige sont fragilisés.

La technique de progression est quasi similaire à celle utilisée à la montée: distance d'encordement courte dans les sections où il y a un risque de dévissage, encordement long là où le risque de chute en crevasse devient prépondérant.

Encordement court et vigilance sont indispensables pour descendre en sécurité des pentes de neige, dans lesquelles un dévissage est toujours possible. Le premier de cordée a la charge d'assurer la sécurité de la cordée.

Arrivée au sommet du Grand Paradis.

09

LES COURSES ROCHEUSES PEU DIFFICILES

LA TRAVERSÉE DE L'AIGUILLE DE LA VANOISE (2796 m - Savoie)

Tester la solidité du rocher

Progresser et s'assurer sur terrain rocheux peu difficile - La descente

L'aiguille de la Vanoise est un joyau calcaire posé au milieu des alpages, entouré de montagnes qui ont fait la réputation du massif: la Grande Casse, la pointe des Dards et les glaciers de la Vanoise. Sa traversée est une escalade magnifique, intéressante pour découvrir les courses d'arête de difficulté modérée. Bien que peu technique, elle demande cependant un bon sens de l'itinéraire et une habitude du vide pour ne pas se laisser impressionner par quelques passages très aériens. Faiblement engagée, cette course peut se parcourir par temps moyen, à la condition expresse qu'il n'y ait pas de risque d'orages. Si vous avez la chance d'avoir un rayon de soleil, vous profiterez pleinement du panorama magnifique. Il est possible de faire cette escalade au départ de la vallée le matin, puis d'aller au refuge ensuite pour entreprendre une autre course le lendemain. Vous réaliserez ainsi, sur deux jours, un programme d'alpinisme plein d'attraits et d'enseignements.
Dans ce genre d'ascension, on privilégie la rapidité sans pour autant nuire à la sécurité. Pour cela, il existe quelques méthodes simples mais essentielles que nous vous présentons ci-dessous.

- **Première ascension:** M. Amiez et Mlle M.-A. Verney le 12 septembre 1911 (arête ouest).
- **Difficulté:** PD parfois aérien avec passages de 3c.

- **Équipement de la cordée**
  - Topo, carte, boussole, altimètre
  - Corde d'attache de 40 m ou une corde de rappel
  - Harnais + système d'assurage
  - 4 à 5 anneaux de tailles variées
  - 4 à 5 dégaines et quelques mousquetons libres
  - 3 à 4 coinceurs mécaniques
  - 1 jeu de coinceurs câblés + décoinceur
  - Casque
  - Trousse de secours
  - Couteau + 5 m de cordelette à abandonner pour renforcer les amarrages
- **Dénivellation:** 279 m du refuge au sommet
- **Horaire:** 3 à 4 heures au départ du refuge de la Vanoise.
- **Période et conditions favorables:** été, automne. À ne pas entreprendre par temps d'orage.
- **Ligne générale:** du refuge, remonter le pierrier jusqu'au pied de l'arête est. Attaquer au plus haut à droite et suivre l'arête au mieux en privilégiant les passages de rocher usé. Rejoindre la partie sommitale de l'arête et en suivre le fil par quelques passages impressionnants. Rejoindre le sommet ouest et, par deux petites longueurs de désescalade, atteindre des pentes d'herbes, puis la sente qui ramène au refuge.

Passez la corde derrière des becquets pour assurer la sécurité de la cordée.

Tester la solidité du rocher

Dans ces courses, la qualité du rocher peut être variable, d'excellent à très délité. Pour grimper en sécurité, vous devez apprendre à évaluer sa solidité. Lorsque vous envisagez d'utiliser un becquet comme prise ou point d'assurance en passant une sangle autour, testez-le systématiquement. Pour cela, sollicitez-le de façon appuyée en le tapant avec la paume de la main ou en tirant légèrement dessus. Prenez garde cependant à ne pas le déchausser de son emplacement. La systématisation de cette méthode pourra vous éviter bien des désagréments au cours de vos sorties.

Progresser et s'assurer sur terrain rocheux peu difficile

L'assurance en mouvement en utilisant le terrain

L'assurance en mouvement consiste en une progression simultanée des deux membres de la cordée tant que le terrain ne présente pas de difficultés techniques marquées.
Dans ce type de course, le terrain offre souvent une assurance correcte, si vous utilisez la corde de manière appropriée. Évitez une trop grande distance entre vous et votre partenaire (pas plus d'une douzaine de mètres) pour éviter que la corde ne déstabilise des pierres. Mais profitez de celle-ci en

Testez les prises avant de vous en servir.

Testez la solidité des becquets avant de les utiliser.

LA TRAVERSÉE DE L'AIGUILLE DE LA VANOISE (2796 m - Savoie)

la passant autour des différentes saillies de rocher présentes sur le parcours. En se bloquant derrière l'une d'elles en cas de chute, elle remplira ainsi son rôle d'assurance. Cette façon de passer la corde derrière les becquets est la technique à privilégier pour l'assurance dans ce terrain. Avec de l'habitude, vous vous apercevrez de son efficacité et de sa rapidité de mise en œuvre.

L'assurance en mouvement en utilisant les points en place

Souvent placés à des endroits stratégiques, ces points permettent de se protéger facilement sans ralentir le rythme de progression, à condition d'avoir vérifié au préalable leur solidité.
Dans le doute, préférez une protection que vous posez.

Assurez-vous dans les petites descentes techniques.

Technique de progression à califourchon.

Une longueur

Il peut arriver également que vous ayez à faire une longueur de corde pour franchir un passage plus difficile. Dans ce cas, défaites vos anneaux de buste afin de disposer de suffisamment de corde pour franchir l'obstacle. Votre compagnon, vaché à un relais ou confortablement installé sur une large plate-forme, pourra alors vous assurer au moyen d'un système de frein (voir photo ci-dessus).

Un passage en descente

Il est fréquent de rencontrer de courts passages de descente qui ne nécessitent pas de rappel, mais demandent néanmoins une grande attention. Votre compagnon, une fois descendu, se cale de l'autre côté de l'arête pour vous assurer avec vigilance.

Un passage aérien

Sur une arête très aérienne, vous pouvez utiliser la méthode de franchissement assis. Elle évite une confrontation trop impressionnante au vide et offre une plus grande stabilité que debout. Cependant, si vous vous sentez apte et que le terrain s'y prête, vous pouvez soit franchir le passage sur les pieds, soit utiliser l'arête comme prise de mains et garder les pieds en contrebas sur le versant le plus favorable (photo de droite).

Technique de progression mains sur l'arête.

LA TRAVERSÉE DE L'AIGUILLE DE LA VANOISE (2796 m - Savoie)

Le relais

Lors d'une progression en corde courte, avec réserve d'anneaux de buste, si vous rencontrez un court passage délicat, assurez-vous.
Pour cela, posez un point d'assurance, un coinceur ou une sangle sur un becquet.
Si besoin est, installez un relais pour assurer votre compagnon le passage une fois franchi.

Si vous êtes sur un emplacement confortable et que le terrain n'est pas trop raide, vous pouvez tout aussi bien vous asseoir et assurer votre compagnon à l'épaule.

Ici, le leader assure son second sur demi-cabestan, après s'être vaché au point qu'il vient de placer. Ce système de relais est aussi valable pour assurer le leader.

Une autre méthode pour assurer votre compagnon, sans perdre trop de temps. Confectionnez une large queue de vache avec la corde pour ceinturer un bloc et assurer votre partenaire à l'épaule.

La descente

À la descente, employez les mêmes techniques que celles mises en œuvre à la montée. À cette occasion, le leader se trouve derrière afin d'assurer la sécurité de la cordée.
Suivant la difficulté du terrain et votre aisance, vous pouvez descendre ensemble en utilisant la technique de l'assurance en mouvement, ou descendre l'un après l'autre en utilisant des relais.
Si le terrain est facile, évoluez en corde courte en marchant ensemble. Avec quelques anneaux en main, le leader dispose d'une réserve suffisante pour rallonger l'encordement au besoin, pour franchir un court passage technique par exemple.

Si la descente est un peu plus délicate, vous pouvez progresser en continu en rallongeant la distance entre vous et en plaçant des points de protection intermédiaires. Comme le second de cordée se trouve devant, il doit être capable de placer des points de protection si nécessaire. S'il n'est pas aussi aguerri que vous, une petite formation s'impose. Il pourra alors faire preuve d'efficacité dans le choix des emplacements des points de protection et leur mise en place.
En cas de ressaut plus raide, privilégiez la descente face au vide à chaque fois que cela est possible. Cette technique autorise en effet une meilleure visualisation que la descente à reculons, tout en offrant une bonne sécurité.

À la descente, le leader se place derrière son compagnon pour l'assurer.

Pour la descente d'un passage technique, n'hésitez pas à vous assurer.

Vous pouvez parfois progresser simultanément en rallongeant la distance entre vous et en plaçant des points de protection intermédiaires.

Dos au vide

Si le terrain ne se prête plus à une descente de face, parce que trop difficile ou trop raide, retournez-vous pour assurer vos appuis. Très sûre, cette technique est cependant moins rapide que la descente face au vide.

Face au vide

La descente face au vide permet une meilleure visualisation du passage à franchir.

Bien qu'impressionnante, cette technique permet de descendre des passages très raides, s'ils sont bien pourvus en prises.

10

LES COURSES PEU DIFFICILES DE NEIGE ET MIXTE

L'ARÊTE SUD-EST DU MÖNCH

(4 099 m - Oberland, Suisse)

L'assurance en mouvement en neige

L'assurance en mouvement en mixte

Franchir un petit ressaut technique

La descente d'une pente de neige

Le Mönch, (moine en français) est un des géants des Alpes bernoises. Son assise imposante est à l'image de l'Oberland, un massif aux allures himalayennes et, sans la proximité du train de la Jungfrau, la marche d'approche serait une course à elle seule... Presque trapue, massive, cette montagne offre cependant des itinéraires d'ascensions d'un rare esthétisme, et l'arête sud-est qui borde la face sud en fait partie.

L'accès facile par le train de la Jungfrau, la perspective de dépasser les 4000 m et le panorama exceptionnel qu'offre le sommet en font une course populaire, parfois très fréquentée les week-ends d'été.

Comme pour beaucoup de courses mixtes en altitude, la difficulté peut grandement varier suivant les conditions d'enneigement et l'état de la montagne. Peu difficile par bonnes conditions (neige stable, corniches rares et rocher sec), cette ascension peut aussi s'avérer beaucoup plus délicate si la glace devient apparente, la couche de neige épaisse ou le vent fort.

La face sud du Mönch et, à gauche au second plan, l'Eiger.

Certains gravissent le Mönch en partant par le premier train du matin au départ de Grindelwald, mais nous ne vous le conseillons pas. Un départ tardif a souvent pour conséquence de trouver de la neige déjà ramollie, ce qui augure mal des conditions de sécurité de l'ascension et surtout de la descente, qui risque alors de devenir dangereuse.

Mieux vaut passer la nuit au refuge Mönchjochhütte pour partir tôt, un peu avant le lever du jour. Sur cet itinéraire orienté au sud-est, un départ matinal vous garantit une qualité de neige optimale (stable et ferme), ainsi que le plaisir de goûter sereinement la beauté et la sérénité des couleurs de l'aube.

L'ascension débute par la remontée de l'éperon situé à la base de l'arête. C'est du terrain mixte facile ou alternent bandes de rochers brisés et plaques de neige. Suit une première arête, peu effilée, coupée de temps à autre par un petit mur rocheux. Curiosité de ces lieux: un grand piquet métallique mis en place au sommet de chaque ressaut, pour vous permettre de vous assurer confortablement et facilement.

La partie sommitale suit le fil de l'arête qui s'affine à l'approche du sommet, tout en s'ourlant de quelques petites corniches.

C'est la partie la plus délicate de l'ascension et vous devrez y maîtriser parfaitement vos gestes et vos techniques de sécurité.

Sur l'arête sud-est. L'assurance en mouvement est la technique de progression la plus utilisée dans les courses de ce niveau.

- **Première ascension:** R.J.S. Macdonald, C. Almer, M. Anderegg, le 29 juillet 1863.
- **Difficulté:** PD, course en terrain mixte avec de courts passages rocheux en II.
- **Matériel pour une cordée de deux**
  - Une corde d'attache d'une quarantaine de mètres minimum
  - Harnais avec mousqueton de sécurité
  - 2 broches à glace tubulaires et 2 autobloquants par personne
  - 3 à 4 mousquetons libres + 2 anneaux de sangle
  - Piolets classiques
  - Crampons avec anti-neige
  - Casque
  - Lampe frontale
  - Carte, boussole, altimètre, topo
  - Trousse de secours
- **Dénivellation:** 450 m environ du refuge Mönchjochhütte au sommet.
- **Horaire:** 2 à 3 heures du refuge au sommet.
- **Période favorable:** toute l'année quand les conditions de neige sont stables.
- **Ligne générale:** du refuge Mönchjochhütte, gagnez le pied de l'éperon sud-est puis, par du terrain mixte facile, rejoignez le fil de l'arête. Suivez-le en franchissant quelques courts ressauts rocheux entrecoupés de parties neigeuses pour atteindre la section sommitale aérienne.
- **Descente:** elle s'effectue par le même itinéraire.

L'assurance en mouvement en neige

L'assurance dite « en mouvement » est la technique de progression la plus utilisée dans les ascensions de difficulté modérée. Elle permet d'allier une rapidité de progression, indispensable pour évoluer dans des conditions de neige optimales, à une bonne sécurité de la cordée. Progresser par longueurs, en faisant des relais, n'est souvent pas possible ou souhaitable. Cela prendrait trop de temps et les conditions de neige, notamment à la descente, seraient trop dangereuses.
Dans ce mode de progression en mouvement, le terme de *premier de cordée* prend tout son sens. Celui-ci n'a pas le droit à l'erreur et doit toujours être capable de rattraper une éventuelle glissade de son compagnon.
Cette technique demande beaucoup de lucidité et de concentration, car toute surévaluation de vos propres capacités peut avoir des conséquences tragiques. Pratiquement, n'utilisez cette technique que sur du terrain peu difficile, en étant certain de pouvoir enrayer tout déséquilibre ou dévissage de votre compagnon de cordée.
Dès que vous doutez de vos capacités, passez à un autre mode de progression, en général longueur par longueur, avec relais intermédiaires.

En confectionnant des anneaux de buste, réduisez la distance d'encordement entre vous et votre compagnon à six ou sept mètres. Seul le premier de cordée prend en main quelques anneaux bloqués par un tour mort ou une boucle pour ramener la distance entre les deux alpinistes à moins de 2 mètres.
Cette distance courte entre les deux grimpeurs est le seul moyen pour maintenir la corde tendue (élément clef de sécurité) et permet ainsi au leader de rattraper un déséquilibre ou d'enrayer une chute de son compagnon de cordée.
Beaucoup d'accidents ont pour origine une distance d'encordement trop importante entre les membres de la cordée. L'image type est celle d'une « cordée chalutier », nom donné par les guides de haute montagne aux personnes encordées tous les 6 à 8 mètres environ, chacun ayant quelques anneaux dans les mains et évoluant ensemble. En cas de dévissage de l'un d'entre eux, c'est généralement toute la cordée qui est entraînée dans la chute et qui fauche toute autre équipe d'alpinistes située sur sa trajectoire. C'est notamment la cause d'une des grandes tragédies du massif du Mont-Blanc qui, dans les années quatre-vingt-dix, a entraîné la mort de 13 personnes dans la voie normale de la Tour Ronde...

Seul le premier de cordée prend en main quelques anneaux bloqués par un tour mort ou une boucle.

Une distance courte (moins de 2 mètres) est indispensable pour garder la corde tendue, gage de sécurité.

Dans du terrain mixte peu difficile, utilisez la même technique d'assurance en mouvement, avec encordement court, que sur le terrain neigeux.

L'assurance en mouvement en terrain mixte peu difficile

La réserve de corde constituée par les anneaux dans la main du leader offre une certaine souplesse pour s'adapter aux obstacles du terrain.
Par exemple, pour franchir en sécurité un court passage technique, le leader lâche ses anneaux et franchit le passage délicat, tandis que son compagnon reste à l'arrêt et attend qu'il soit prêt à l'assurer pour s'y engager.

Dans du terrain mixte un peu plus difficile, vous pouvez continuer à progresser ensemble **corde tendue**. Le leader rallonge la distance d'encordement en lâchant ses anneaux de mains. Au besoin, il libère quelques anneaux de buste de manière à toujours avoir un point de protection entre lui et son compagnon. Ce point de protection peut être un piton en place, un coinceur, un anneau ou simplement un becquet rocheux derrière lequel passe la corde.

Les crampons ne sont pas gênants pour de courts passages rocheux faciles. Vous serez même surpris par la sécurité qu'ils procurent.

Dans du terrain mixte un peu plus difficile, vous pouvez progresser ensemble corde tendue en ayant toujours un point de protection entre vous.

L'ARÊTE SUD-EST DU MÖNCH (4099 m - Oberland, Suisse)

Pour franchir un ressaut plus difficile, installez un relais solide.

Au sommet du ressaut, trouvez ou installez un nouveau relais puis assurez votre second de cordée.

Franchir un petit ressaut technique

Pour franchir un ressaut plus difficile, installez un relais solide puis défaites vos anneaux de buste pour avoir assez de corde disponible.
Franchissez le ressaut, l'un après l'autre, en plaçant si besoin un ou des points de protection (coinceur ou anneau de corde) si aucun piton n'est en place. Au sommet du ressaut, trouvez ou installez un nouveau relais puis assurez votre second de cordée.

La descente

Attention ! C'est souvent la partie la plus délicate de la course ! Car la neige s'est déjà ramollie et la fatigue peut diminuer vos réflexes et vos capacités physiques.
Soyez très attentif aux crampons qui bottent.
Nous vous encourageons vivement à équiper vos crampons d'anti-neige s'ils n'en ont pas d'origine.

Si vous bottez, tapez le côté du crampon avec le manche de votre piolet pour détacher le sabot de neige.

La descente est souvent la partie la plus délicate de l'ascension.

Pour être encore plus clair, vous ne devriez pas entreprendre une ascension en neige sans avoir de crampons munis de cet équipement.
Même avec cet accessoire, il peut arriver que vous « bottiez » de temps à autre.

L'encordement à la descente est souvent similaire à celui utilisé lors de la montée.
Dans les passages peu difficiles, utilisez l'encordement court en marchant ensemble. Le leader se tient en amont, prêt à arrêter tout début de glissade.
Si le terrain devient un peu plus délicat, vous pouvez rallonger la distance d'encordement comme à la montée.

Pour descendre un ressaut plus raide ou difficile, n'hésitez pas à installer un relais pour assurer votre compagnon et franchir ce passage l'un après l'autre.
Si besoin, demandez-lui de placer quelques points au passage pour protéger votre propre descente.
Une fois arrivé au pied du ressaut, votre compagnon installera un second relais pour assurer votre descente.

Le premier de cordée se tient en amont, prêt à arrêter tout début de glissade.

11

LES COURSES ROCHEUSES ASSEZ DIFFICILES

L'ARÊTE SUD DU PIC DU GLACIER BLANC (3 525 m - massif des Écrins)

La pose de friends et de coinceurs

L'installation d'un relais

L'enchaînement des longueurs

Descendre en rappel

Idéalement située face à la Barre des Écrins, cette course rocheuse propose un parcours varié dans un cadre grandiose. Après un départ redressé, la voie suit une arête pouvant être aérienne, sur laquelle vous devrez rester attentifs. Bien que de difficulté modeste et souvent parcouru, cet itinéraire est une bonne préparation à des courses de plus grande ampleur, car il vous permettra de tester votre efficacité en manœuvres de corde et de pratiquer différents modes d'assurance (corde longue, corde courte). Par ailleurs, le rocher fracturé vous demandera une vigilance accrue par rapport à certaines voies aseptisées. Cette course peut très bien s'envisager comme une introduction aux ascensions rocheuses de plus grande envergure.

L'arête sud du pic du Glacier Blanc.

- **Première ascension:** H. Salin et J. Vernet en septembre 1936.
- **Difficulté:** AD avec un passage de 4/4+.
- **Équipement pour une cordée de deux**
  - Topo, carte, boussole, altimètre
  - Un piolet
  - Un marteau-piolet
  - Crampons
  - 4 broches à glace
  - 2 cordes de 50 m
  - Harnais + système d'assurage
  - 4 à 5 anneaux de tailles variées
  - 4 à 5 dégaines et quelques mousquetons libres
  - 3 à 4 coinceurs à came
  - Un jeu de coinceurs câblés + décoinceur
  - 2 à 3 pitons variés
  - Casque
  - Lampes frontales et trousse de secours
  - Un couteau + 5 m de cordelette à abandonner pour renforcer les amarrages
- **Dénivellation:** 300 m environ (entre 3200 m et 3525 m).

Dans la première longueur de l'arête sud du pic du Glacier Blanc.

- **Horaire:** 2 h d'approche et 3h30 d'escalade.
- **Période et conditions favorables:** été, début d'automne, avant qu'il n'y ait trop de neige.
- **Ligne d'ascension:** après un départ versant est, elle est donnée par l'arête elle-même. Cependant, comme toutes les courses d'arête, il est parfois nécessaire d'emprunter des vires sur les flancs pour éviter des difficultés.

La pose de *friends* et de coinceurs

Inventés dans le courant des années soixante-dix par le grimpeur du Yosemite Ray Jardine, les friends ont révolutionné l'assurance en rocher. Ils permettaient enfin de s'assurer dans des fissures à bords parallèles ou évasés en faisant l'économie des encombrants coins de bois. Et de plus, ils étaient réutilisables à l'infini... À condition de savoir les placer. Aujourd'hui, il existe toutes sortes de tailles et de formes qui répondent à la plupart des situations possibles.

Pour autant, leur placement demande quelques précautions qu'il n'est pas inutile de rappeler ici:

- Adaptez la taille du friend à la taille de la fissure, en évitant de fermer les cames jusqu'à la taille minimale, sous peine de devoir le laisser en place.
- Évitez d'enfoncer le friend trop profondément. Ce n'est en rien un gage de sécurité et vous risquez fortement de devoir l'abandonner.
- Privilégiez les friends avec un axe souple. En cas de fissure horizontale, ils sont beaucoup plus sûrs que les rigides.
- Faites mordre toutes les cames du coinceur sur les bords de la fissure de la façon la plus régulière possible,
- Veillez à ne pas provoquer un retournement de came.

L'efficacité du coinceur sera fortement diminuée et votre compagnon de cordée aura le plus grand mal à le récupérer.

Coinceur bien posé: toutes les cames adhèrent.

Coinceur mal posé: cames ouvertes...

Pour la récupération du friend

- Évitez impérativement de l'enfoncer encore plus profondément dans la fissure (exception faite des fissures s'évasant vers l'intérieur).
- Ne forcez pas sur le friend, mais essayez plutôt de le manier avec douceur.
- Au besoin, s'il est placé trop profondément, utilisez un décoinceur pour mobiliser la barrette des câbles et libérer les cames.

Initialement de simples boulons, les coinceurs ont été développés à l'origine par les Anglo-Saxons, et permettent de s'assurer en fissure en faisant l'économie de pitons. Si les hexcentrics ne sont plus d'actualité, les stoppers restent aujourd'hui encore des outils indispensables à l'alpiniste. Ils complètent utilement un classique jeu de friends, notamment dans les petites fissures. D'autre part, ils peuvent être abandonnés, par exemple à l'occasion d'une descente en rappel, sans que cela ne grève trop votre budget...

Pour la mise en place d'un coinceur

- Veillez à la qualité du rocher des bords de la fissure, particulièrement en calcaire et grès (les cames ne doivent pas être trop proches du bord de la fissure).
- Veillez à le placer de manière à ce qu'il soit suffisamment coincé pour que les mouvements de la corde ne le délogent pas. Si nécessaire, tirez dessus fermement pour le verrouiller. Au besoin, matez-le légèrement avec le bec de votre marteau ou la lame de votre marteau-piolet.

Quel que soit le type de coinceurs, à cames ou câblés, anticipez les mouvements de la corde pour éviter qu'ils ne le délogent. Pour cela, n'hésitez pas à utiliser une dégaine longue ou un anneau de sangle.

L'installation d'un relais

Dans ce type de terrain, vous devrez souvent installer vos relais. À cette occasion, vous ferez la démonstration de votre savoir-faire. Il s'agit pour vous de respecter une procédure rigoureuse valable pour tous les terrains rencontrés.

Les principes incontournables sont les suivants :
- Un relais doit être inarrachable.
- Il doit être confectionné avec un minimum de 2 points.
- Il doit être autant que possible confortable.

Un relais doit être inarrachable.

Reliez les points par une triangulation bien réglée.

À l'arrivée de votre compagnon, faites le transfert de matériel sans perdre de temps.

Pour le réaliser

- Anticipez l'emplacement en fonction de la longueur de corde en évitant les situations exposées aux risques objectifs.
- Veillez à la qualité du rocher et à la présence ou non de fissures ou de becquets.
- Placez-le au minimum à hauteur de buste, afin de pouvoir assurer votre compagnon dans une position naturelle, et non pas plié en deux au ras d'une vire.
- Dès que vous avez placé un 1er point, vachez-vous à lui avant de terminer l'installation du relais.
- Reliez les points par une triangulation bien réglée.

Une fois en place

- Faites venir votre compagnon en l'assurant sur un système de plaquette autobloquante et préparez le matériel à lui donner lorsqu'il passera à votre niveau.
- Profitez éventuellement de ce temps d'arrêt pour boire et manger quelque chose.

L'enchaînement des longueurs

Une fois l'échange de matériel et la mise en place du système d'assurance du leader effectués, prenez garde au départ du relais. Si la chute de facteur 2 est un risque non négligeable, il est d'autres éléments dont il faut tenir compte.

Protégez-vous au départ du relais.

Ainsi, lorsque vous quittez un relais, pensez toujours à la possibilité de chute avec retour sur la vire de relais.

Pour parer à une telle éventualité, protégez-vous de manière rapprochée et testez les prises que vous utilisez.

Communiquez régulièrement avec votre assureur pour connaître ce qu'il reste de corde et anticiper l'emplacement de relais.

Communiquez régulièrement avec votre assureur pour connaître ce qu'il reste de corde et anticiper l'emplacement de relais.

Dès que vous êtes en sécurité, communiquez avec votre compagnon afin qu'il commence à se préparer à l'escalade.

Si, malgré une recherche approfondie, vous n'arrivez pas à installer un relais sûr, vous pouvez envisager de faire quelques mètres d'escalade simultanée, à corde tendue, afin de rejoindre un emplacement propice (photo ci-contre). Dans ce cas, la communication doit être la plus claire possible pour ne pas prêter à confusion et votre escalade se doit d'être très sûre. Ceci n'est évidemment possible que s'il y a plusieurs points inarrachables entre vous.

Si vous n'arrivez pas à installer un relais sûr, vous pouvez envisager de faire quelques mètres d'escalade simultanée à corde tendue, avec des points de protection inarrachables entre vous.

Descendre en rappel

Descendre en rappel peut sembler ludique et facile. Pourtant, de nombreux accidents se produisent par manque de vigilance et de méthode ou, à l'inverse, par excès de confiance.
C'est, encore une fois, une affaire de procédure rigoureuse, qu'il vous faudra mettre en œuvre avec la plus grande attention :
- Tout d'abord, contrôlez l'amarrage, les becquets, les pitons, les sangles.
- Passez une des extrémités de la corde dans les sangles ou, mieux, dans un maillon rapide, et nouez les deux brins de corde au moyen d'un nœud en 8.

- Auto-assurez-vous à l'amarrage au moyen d'une longe à étage et mettez-la en tension.
- Décordez-vous après avoir accroché la corde au relais.
- Placez un nœud autobloquant sur la corde, pour l'auto-assurance en cours de descente (photo ci-dessus).
- Éventuellement, si vous doutez de l'aptitude de vos compagnons à installer correctement leurs descendeurs avant de partir eux-mêmes (vous serez 40 m plus bas...), tirez environ un mètre de mou sur la corde et mettez les descendeurs en place préalablement sur celle-ci.
- Dévachez-vous et commencez la descente le long de la corde.
- En cours de descente, contrôlez toujours la longueur de corde disponible.

Si vous devez vous approcher de l'extrémité de la corde pour atteindre un relais éloigné, arrêtez-vous grâce à l'autobloquant, 7 à 8 mètres en amont pour confectionner un nœud de sécurité en bout de corde sur les deux brins (un nœud simple ou en huit par exemple).
- Arrivé en bout de rappel, contrôlez l'amarrage suivant ou installez-en un et vachez-vous dessus.
- Enlevez le descendeur, mais laissez votre autobloquant en place sur la corde.
- Criez « libre » à votre compagnon de cordée.

12

LES COURSES GLACIAIRES DIFFICILES

LA FACE NORD DE L'OBER GABELHORN (4 363 m - Valais suisse)

Les approches complexes

Franchir la rimaye

La progression en terrain glaciaire raide

L'assurance en terrain glaciaire raide

Une descente complexe en terrain mixte

L'alpiniste choisit son objectif tant pour la beauté de la montagne que pour la ligne d'ascension qu'il va suivre. En ce sens, l'Ober Gabelhorn est une référence. Situé au cœur du Valais, en Suisse, c'est un sommet élancé et majestueux qui peut rappeler d'autres montagnes à la silhouette grandiose comme le Cervin, l'Alpamayo ou l'Ama Dablam... On le découvre peu à peu, en cheminant longuement sur le flanc de la vallée qui mène à la cabane du Mountet.

Le caractère de cette ascension est principalement glaciaire. C'est cependant une course alpine sérieuse qui nécessite, en plus des qualités techniques de progression, une bonne endurance pour tenir l'horaire. L'itinéraire de la face nord contourne le Cœur et évite intelligemment la barrière de séracs de la partie inférieure de la face. Il franchit une pente délicate pour atteindre un plateau crevassé à la base du triangle sommital parfait qu'il parcourt en son milieu. L'escalade de la pente finale est soutenue. Elle est néanmoins rendue plus abordable ces dernières années grâce à l'évolution du matériel de progression.

La cabane du Mountet et l'Ober Gabelhorn.

LA FACE NORD DE L'OBER GABELHORN (4 363 m - Valais suisse)

- **Première ascension:** R. Schwartzgruber et H. Kiener, le 30 juillet 1930
- **Difficulté:** D/55 ° d'inclinaison moyenne en terrain glaciaire sur 450 m. La difficulté est, ici plus qu'ailleurs, dépendante des conditions d'enneigement de la montagne. Restez vigilant sur le risque de chutes de pierres dans le secteur du Cœur. Il s'agit d'une course sérieuse dans un cadre grandiose.
- **Équipement de la cordée**
  - Un marteau-piolet
  - Crampons
  - Un piolet de 60 cm
  - Dead man éventuellement
  - Une corde de 2 x 50 m
  - Sangles + anneaux
  - 5 à 6 mousquetons
  - 5 à 6 broches à glace
  - Casque
  - Autobloquants mécaniques légers
- **Dénivellation:** 1180 m au total, dont 450 m pour la face nord.
- **Horaire:** 7 à 9 heures du refuge au refuge.
- **Ligne générale:** depuis la cabane du Mountet (2 886 m), traversez le glacier Durand jusqu'au pied de l'arête NNW. Remontez la pente neigeuse et laissez le Cœur (3 089 m) à droite pour traverser en oblique à gauche une zone de rochers délités puis une pente de neige raide.
  Depuis le plateau glaciaire, remontez la face nord directement à l'aplomb du sommet.
  La descente s'effectue d'abord par l'arête NNW appelée « arête du Cœur », puis par l'itinéraire de montée.
- **Période et conditions favorables:** choisir un enneigement satisfaisant, plutôt vers la fin du printemps ou l'été avec un bon regel nocturne.

Les approches complexes

Une approche peut aller de la simple marche sur sentier à la randonnée glaciaire ou, comme ici, à un parcours technique et complexe comparable à une petite course.
Vous évoluerez souvent de nuit, particulièrement pour les courses de glace. Partir du refuge autour de minuit n'est pas chose rare. L'observation et le repérage précis de cette approche se font la veille pour éviter des errements nocturnes et des pertes de temps excessives. Si vous négociez mal cette approche, vous arriverez trop tard au pied de la face, et votre progression serait dangereuse, le soleil ayant déjà réchauffé la pente.

L'accès à certaines courses peut être plus ou moins délicat.

L'accès à la face nord de l'Ober Gabelhorn commence par une succession de moraines où il n'est pas facile de se repérer. Vous devrez ensuite franchir une barre rocheuse pour accéder au glacier supérieur par une traversée ascendante à gauche. Ce cheminement, où alternent rochers délités et névés exposés, vous demandera la plus grande vigilance. Ne sous-estimez pas la difficulté de telles approches. Votre sécurité et la réussite de votre projet en dépendent.

Franchir la rimaye

Le franchissement de la rimaye marque la fin de l'approche et donne accès à l'ascension proprement dite.
Vous allez changer de mode de progression en tirant des longueurs. Cela nécessite que vous réorganisiez votre matériel.
La rimaye est souvent un moment clé de la course. En fonction de son profil parfois impressionnant ou d'une neige inconsis-tante, son franchissement peut être aisé, scabreux, voire impossible. De nombreux récits font référence au fameux « mal des rimayes », caractérisé par une envie pressante... de retourner chez soi.

Cherchez le meilleur passage pour franchir la rimaye.

Confectionnez un relais dès que possible pour assurer efficacement votre compagnon.

Cherchez le meilleur passage, celui qui demande le moins d'effort et offre la meilleure sécurité. C'est souvent un pont de neige dont vous vérifierez la solidité, en vous décalant sur le côté pour en évaluer l'épaisseur. Il arrive qu'il soit nécessaire de creuser la lèvre supérieure.
Votre second doit impérativement être installé en contrebas et décalé de l'axe de progression de manière à enrayer une éventuelle chute.

Confectionnez un relais dès que possible afin de communiquer aisément avec votre compagnon et, au besoin, de l'aider sans être gêné par l'élasticité de la corde.

La progression en terrain glaciaire raide

En escalade de neige dure ou en glace, privilégiez le cramponnage mixte, un pied en position frontale et l'autre en latérale. Pour les traversées, comme pour le cheminement rectiligne, cela vous permettra de relâcher alternativement la tension musculaire des mollets (photos ci-contre).
Le cas échéant, utilisez la technique du cramponnage frontal, en pointes avant et vos piolets en ancrages ou en appui.

La technique du cramponnage mixte permet de s'économiser.

L'assurance en terrain glaciaire raide

En neige ou en glace, l'assurage dynamique indirect est préconisé. Le choc résultant d'une éventuelle chute sera amorti et absorbé par le corps de l'assureur avant de solliciter l'amarrage lui-même.

La confection d'un amarrage-relais

Réalisez votre relais en fonction des caractéristiques suivantes : solidité de l'amarrage, facilité de mise en œuvre et confort d'utilisation.
Le choix de l'amarrage est fonction du support : un corps-mort dans la neige ou des broches dans la glace. Autant que possible, creusez pour atteindre la glace, car votre relais sera toujours plus résistant.

En neige

Relais sur dead man ou ancre à neige.

Rappelez-vous qu'un piolet planté verticalement dans la neige ne constitue pas un amarrage fiable. Seul le piolet placé transversalement en « corps-mort » peut convenir.

En glace

Relais sur broches à glace :

Dégagez la neige en surface pour atteindre la glace saine et vissez deux broches.

Après avoir constitué un relais en couplant les deux broches avec un anneau, prenez soin de tailler une marche pour le confort et le repos de vos mollets.

En tension en contrebas de votre relais, assurez votre compagnon soit au corps, soit directement sur l'amarrage.

L'assurance dynamique indirecte est obligatoire pour assurer le premier de cordée. Utilisez un demi-cabestan sur un mousqueton de sécurité.

Dans le cas d'une progression dite en réversible, le second passe en position de leader.

LA FACE NORD DE L'OBER GABELHORN (4363 m - Valais suisse)

La progression simultanée, avec corde courte tendue, à la montée.

La progression simultanée corde courte tendue

Il est envisageable de progresser selon cette technique, pour autant que la raideur de la pente le permette et que la consistance de la neige soit saine et homogène.

Dans ce cas, évoluez corde tendue sans aucun anneau en main, à une distance de 3 à 4 mètres maximum, tout en suivant un axe de déplacement rectiligne.

Soyez particulièrement attentifs à la qualité de vos ancrages et appuis.

Ici plus qu'ailleurs, la personne la plus expérimentée doit tenir la place de leader.

Cette solution permet d'être plus rapide, mais nous insistons sur le fait qu'elle ne doit être utilisée que si vous êtes absolument sûr de vous-même et de votre compagnon.

La descente en terrain mixte

La descente doit s'aborder avec vigilance. La fatigue, l'inclinaison de la pente, la nature du terrain et les changements de neige vous obligeront à adapter votre technique en permanence.
Habituellement, dans les courses neigeuses, on descend face à la pente et c'est l'assurance en mouvement qui est privilégiée (voir les itinéraires du Mönch et du Liskamm).
Cependant, il convient d'anticiper les difficultés. Par exemple, retournez-vous et descendez, à reculons, une partie en glace ou en neige pourrie, pour ne pas mettre en danger votre cordée.

Ci-dessous, deux exemples de passages délicats en descente où la progression n'est plus simultanée :

Si vous rencontrez un passage de glace un peu délicat, désescaladez-le en pointe avant l'un après l'autre. Assurez votre compagnon en restant dans son axe.

En mixte raide, notamment en traversée, cherchez à utiliser au maximum les reliefs du terrain pour vous assurer à l'aide des becquets rocheux.

13

LES COURSES D'ARÊTES DIFFICILES

LA TRAVERSÉE DES LISKAMM

(Valais suisse)

Comment s'assurer sur une arête de neige

Le problème des corniches

Grimper et s'assurer en terrain mixte

Les courses d'arêtes neigeuses ont, de tout temps, fasciné les alpinistes. Au-delà de la difficulté technique, c'est l'esthétique puissante de ces lieux qui attire le regard et éveille le désir de parcourir ces fragiles sinusoïdes de neige et de glace. Lignes de partage entre deux versants, parfois entre deux pays, ces chevauchées d'altitude sont de grands voyages dans l'univers de la haute montagne. Poser ses pas sur ce fil ténu, entre terre et ciel, est source d'une profonde jouissance, à l'image du funambule qui rayonne dans ses jeux d'équilibre. Sur ces itinéraires, la clé de la sécurité ne réside pas tant dans l'habileté technique de l'alpiniste que dans sa connaissance approfondie des dangers spécifiques à ce type de parcours.

Le Liskamm, situé sur la crête frontière entre Suisse et Italie, surplombe Zermatt. Avec ses 4527 m d'altitude, c'est un géant des Alpes. Ce sommet doit sont surnom de *Menschenfresser* (mangeur d'hommes) à une série de tragédies qui se sont déroulées sur ses arêtes. Les puissants vents d'altitude déposent régulièrement de la neige dans un courant de nord-ouest et façonnent d'imposantes corniches qui surplombent le versant sud. De temps à autre, les vents du sud travaillent, cisèlent et creusent ces corniches, les fragilisant encore un peu plus. Bien que tenté d'être au plus près de l'arête pour jouir de la vue et profiter de l'absence relative de pente, vous devrez toujours garder à l'esprit la fragilité de ces sculptures éphémères et éviter d'y poser vos pas.

Les deux sommets du Liskamm, reliés par une arête d'une belle évidence.

Sur l'arête est du Liskamm oriental.

L'ascension débute par une première crête effilée qui donne d'emblée le ton de la course. L'arête devient plus tourmentée à mesure que l'on gagne de l'altitude. Les corniches, parfois imposantes, débordent de plus en plus sur le versant sud. N'hésitez pas à rester prudemment en contrebas du fil, versant nord, même si la pente plus raide paraît moins engageante...

Un dernier ressaut permet de gagner le sommet est, le plus haut des deux Liskamm. Après une légère descente pour gagner le col entre les deux sommets, vous suivrez le fil de l'arête qui devient plus mixte. Quelques passages rocheux peu difficiles alternent avec de courtes arêtes de neige. Ils demandent une bonne maîtrise de l'assurance en mouvement pour progresser en sécurité et relativement rapidement. En effet, dans ces longues courses d'altitude, l'usage de cette technique est indispensable pour tenir un horaire, un des éléments clés de la sécurité.

DU LISKAMM EST (4527 M) AU LISKAMM OUEST (4480 M)

- **Première ascension:** J.H. Kitson et C. Almer en 1866.
- **Difficulté:** AD, mais c'est une arête longue, à haute altitude, avec des corniches imposantes.
- **Matériel pour une cordée de deux**
  - Une corde d'attache d'une quarantaine de mètres minimum
  - Harnais avec mousqueton de sécurité
  - 5 ou 6 broches à glace tubulaires
  - 5 à 6 mousquetons libres plus 4 ou 5 anneaux de sangle
  - 2 à 3 coinceurs mécaniques
  - Piolets classiques
  - Crampons avec anti-neige
  - Casque
  - Lampes frontales
  - Carte, boussole, altimètre, topo
  - Trousse de secours
- **Dénivellation:** 400 m environ de la rimaye au sommet ouest en passant par le sommet est, avec plus de 2 kilomètres de parcours d'arête.
- **Horaire:** 5 à 7 heures du refuge Citta di Mantova (3470 m) ou du refuge Gnifetti (3611 m) au refuge Quintino Sella.
- **Période et conditions favorables:** de mai à octobre, mais soyez très attentif aux conditions d'enneigement et de vent.
- **Ligne générale:** du refuge Citta di Mantova ou du refuge Gnifetti, versant Italien, montez au col du Lisjoch (4153 m), puis suivre l'arête qui mène au sommet est. Une courte descente suivie une traversée permet de gagner le sommet ouest, puis le col de Felikjoch (4061 m) et le refuge Quintino Sella.

LA TRAVERSÉE DES LISKAMM (Valais suisse)

Faites passer votre compagnon (le second de cordée) devant vous, pour le voir, afin de pouvoir réagir très vite.

Comment s'assurer sur une arête de neige

Sur ce parcours aérien et vertigineux, une bonne technique du cramponnage et la maîtrise de vos émotions sont des préalables indispensables.
Suivant le profil de l'arête, vous disposez de plusieurs techniques. Elles sont généralement valables aussi bien à la montée qu'à la descente, ou que sur un parcours horizontal. La difficulté principale, pour la sécurité de la cordée, est de pouvoir enrayer une éventuelle chute pendulaire d'un de ses membres.
Vous pouvez utiliser la technique de l'encordement court sur des parcours d'arête faciles, mais cette technique a des limites.
Si l'arête est fine et les versants raides, il devient très difficile d'arrêter un dévissage éventuel. Cela est d'autant plus délicat si vous êtes en position de leader sur une arête horizontale et effilée.

Dans ce cas de figure, faites passer votre compagnon devant vous, pour le voir, afin de pouvoir réagir très vite. Gardez 5 à 6 mètres de corde entre vous, et deux à trois mètres d'anneaux dans les mains.
Si votre compagnon fait un faux pas et bascule sur un versant, lâchez cette réserve de corde et sautez dans le versant opposé pour enrayer la chute.

Vous pouvez aussi rester sur le fil de l'arête si les conditions de neige le permettent.
Dans ce cas, faites progresser votre compagnon parallèlement à vous, en contrebas de l'arête, de manière à éviter toute chute pendulaire.
Si l'arête est très effilée, vous pouvez aussi progresser de part et d'autre du fil, avec un encordement court (photo ci-dessous). C'est une technique très sûre bien qu'un peu fastidieuse car vous devez constamment faire sauter la corde.

Assurage d'un second de cordée pour éviter une chute pendulaire.

Progresser de part et d'autre du fil, avec un encordement court.

Soyez attentifs à toute fissure apparente à la surface de la neige.

Attention aux corniches qui peuvent parfois s'avancer sur plusieurs mètres.

Le problème des corniches

Les corniches peuvent présenter des obstacles ou des zones piégeuses qui peuvent s'effondrer. Plusieurs dévissages dramatiques de cordées, ces dernières années, ont pour origine une rupture de corniche entraÎnant le (ou les) alpiniste(s) qui s'était(ent) trop approché(s) du bord de l'arête. N'oubliez pas que la rupture se situe souvent bien en aval de l'aplomb de la corniche. Être en sécurité implique de progresser à une distance d'au moins deux fois le débord de celle-ci. Par exemple, si elle déborde de deux mètres, vous devrez marcher à au moins quatre mètres en aval du bord de l'arête.

Dans ce terrain, il n'est pas toujours facile d'identifier les structures fragiles, de celles qui ne le sont pas. Anticipez votre cheminement à partir de l'observation du terrain, en cherchant à localiser les zones instables et restez bien en contrebas. Si besoin n'hésitez pas à faire une trace en aval de celle existante.

Soyez attentifs à toute fissure apparente à la surface de la neige. C'est le signe d'une amorce de rupture de la corniche qui peut surplomber de plusieurs mètres. Si le contournement de la corniche est difficile ou délicat (glace vive ou pente forte), augmentez la distance d'encordement et placez des points de protection intermédiaires (broches, corps-mort, etc.). Si besoin, tirez une ou plusieurs longueurs de corde.

La trace doit être en aval d'au moins l'avancée de la corniche.

N'hésitez pas à faire une trace en aval de celle existante trop proche de la corniche.

Escalade mixte sur le Liskamm est.

Grimper et s'assurer en terrain mixte

Dans la traversée du Liskamm, vous rencontrerez, comme dans la plupart des courses d'altitude, quelques passages rocheux peu difficiles entrecoupés de parties neigeuses ou de glace. Il est souvent possible de progresser ensemble en utilisant la technique de l'assurance en mouvement, mais certains ressauts plus techniques nécessitent de tirer une longueur de corde.

Gardez vos crampons aux pieds pour éviter de perdre trop de temps à les enlever et les remettre sans cesse. Notez qu'ils sont redoutables d'efficacité sur les petites réglettes (photo ci-dessous).

Les crampons, redoutables d'efficacité sur les petites réglettes.

Vous pouvez faire un relais en vous auto-assurant sur un becquet ou des points de protection, puis assurer votre compagnon à l'aide d'un nœud de demi-cabestan, ou directement à l'épaule si le terrain est peu raide.

Si l'emplacement est très confortable, vous pouvez aussi assurer votre compagnon directement en passant la corde autour du becquet.

Dans les sections mixtes peu raides, progressez ensemble en gardant une quinzaine de mètres de corde entre vous.
Le premier de cordée placera systématiquement la corde dans un point d'assurance intermédiaire (anneau, coinceur, piton...) ou derrière un becquet pour qu'à tout moment, la sécurité de la cordée soit assurée.

Corde passée derrière un bloc.

Progression simultanée avec point de protection intermédiaire ou corde passée derrière des becquets.

14

LES COURSES ROCHEUSES ET MIXTES DIFFICILES

LES AIGUILLES DU DIABLE AU MONT BLANC DU TACUL (4248 m)

La notion d'engagement en haute montagne

Évoluer de nuit

Comment gérer efficacement les manœuvres de corde

Le rappel coincé

Savoir consolider l'équipement en place

La traversée des aiguilles du Diable est une grande course classique. La première ascension fut menée en 1948 par un personnage qui marqua l'évolution des techniques glaciaires: le guide Armand Charlet. L'histoire relate que le parcours originel se fit sans piton... Tous les ingrédients qui font la réputation des itinéraires mythiques sont ici rassemblés: l'engagement et l'endurance, la beauté des paysages «entre ciel et terre», la variété des terrains, et surtout les aiguilles vertigineuses qu'il faut gravir. Il s'agit donc d'un morceau d'anthologie et une étape incontournable pour tout alpiniste expérimenté. Il se déroule au cœur du massif du Mont-Blanc dans un cadre d'une grandeur exceptionnelle.

Terrain mixte dans les aiguilles du Diable.

- **Première ascension:** M. Obrien, Armand Charlet et R. Underhill, G. Cachat, le 4 août 1928.
- **Difficulté:** grande course d'altitude engagée comportant une alternance de neige, de glace et des passages rocheux en 4-4+. Un passage de 5 à l'Isolée.
- **Équipement de la cordée**
  - Topo, carte, boussole, altimètre
  - Un piolet +1 marteau-piolet
  - Crampons
  - 2 broches à glace
  - 2 cordes de 50 m
  - Harnais + système d'assurage + anneaux de tailles variées
  - 5 à 6 dégaines longues + quelques mousquetons libres
  - Un jeu (6 pièces) de coinceurs à cames (fissures de 1 à 6 cm)
  - Un jeu de coinceurs câblés + décoinceur
  3 à 4 pitons variés
  - Casque
  - Lampe frontale et trousse de secours
  - Un couteau + 5 m de cordelette à abandonner pour renforcer les amarrages
- **Dénivellation:** un peu plus de 1000 m.
- **Horaire:** 2 heures d'approche sur le glacier depuis le refuge Torino, 5 à 7 heures de la rimaye au sommet + 2 heures pour rejoindre l'aiguille du Midi.
- **Période et conditions favorables:** été, avec un bon gel nocturne, un beau temps stable et peu de vent à 4000 m.
- **Ligne d'ascension:** on accède à l'arête par le flanc sud-ouest. Gravir ou contourner ensuite les magnifiques aiguilles du Diable: la Corne, les pointes Chaubert, Médiane et Isolée. L'arête SSE menant au sommet du mont Blanc du Tacul est constituée de rochers brisés et ne présente pas de difficultés particulières, de même que la descente en face nord sur le col du Midi.

Escalade de la pointe Carmen.

La notion d'engagement en haute montagne

Tout projet d'ascension en montagne, quelles que soient l'ampleur et la difficulté, comporte des risques dont il convient de mesurer les conséquences lucidement avant de passer à l'action. L'engagement – immersion totale dans la montagne – est une des valeurs fondatrices de l'alpinisme. Comme le risque, c'est une notion en partie subjective qui dépend du vécu et de la personnalité de chacun.

Concrètement, l'engagement peut se définir par l'addition de plusieurs données fondamentales : la durée et l'intensité de l'effort physique, l'altitude, l'exposition à des dangers ou à des risques objectifs, la difficulté ou l'impossibilité de faire demi-tour, et surtout le fait de compter ou non sur une aide extérieure en cas de problème grave.

Dans les Alpes, en un demi-siècle, grâce aux moyens de déclenchement d'alerte, aux services performants de secours en montagne et surtout à l'hélicoptère, l'engagement a fortement diminué. Mais selon les conditions météorologiques, le délai de secours peut être long.

Ainsi, dans l'approche et une fois engagé dans une course en montagne soyez en permanence attentifs aux indicateurs que sont : l'état physique et mental de la cordée, l'horaire, l'état de la montagne et l'évolution de la météo.

Au premier plan, les célèbres aiguilles. À droite, l'ensemble Géant - Jorasses et, à gauche au fond, le bassin de Talèfre.

LES AIGUILLES DU DIABLE AU MONT BLANC DU TACUL (4248 m)

Évoluer de nuit

La plupart des ascensions commencent la nuit, afin de profiter de bonnes conditions d'évolution sur les parties enneigées grâce au regel nocturne. De plus, vous disposerez de toute la journée pour réaliser la course.

Il est fréquent de franchir la rimaye et de gravir quelques longueurs à la frontale. Comme il n'est pas facile d'anticiper les difficultés, dans le doute, protégez-vous davantage.

Le repérage la veille, s'il est possible, est la meilleure solution pour visualiser les options qui permettront de ne pas errer ou de s'engager dans des impasses.

En outre, une lecture très précise du topo est indispensable.

Franchissement de la rimaye de nuit.

Les premières longueurs à la frontale.

Gérer efficacement les manœuvres de corde

Les courses d'arête rocheuse sont un terrain où votre temps de parcours sera dépendant de votre aptitude à prendre des décisions et à mettre en œuvre rapidement les manœuvres de corde adaptées.

Le profil général fait d'une succession d'escalades d'aiguilles et de descentes dans des brèches, impose des techniques de corde qui peuvent être complexes.

- Anticipez au mieux la stratégie d'ascension.
- Concertez-vous et définissez la meilleure option d'itinéraire, de distance optimale d'encordement et le choix des amarrages.
- Favorisez la communication en évitant les situations où vous ne pourrez plus vous entendre.

L'efficacité impose de mettre en œuvre rapidement les manœuvres de corde adaptées.

Anticipez au mieux la ligne d'ascension.

Le rappel coincé

La corde qui se coince lors d'une descente en rappel est un incident possible dans le déroulement d'une course. Cela peut arriver à tout alpiniste, quelle que soit son expérience. Il faut résoudre le problème rationnellement pour éviter des conséquences qui pourraient être dramatiques.

Au préalable, voici quelques conseils pour limiter cette éventualité.
- Si le terrain est accidenté, faites de préférence des rappels courts.
- Apportez un soin particulier à la position du nœud de jonction, pour qu'il ne se coince pas dans une fissure.
- Lorsque vous tirez votre rappel, gardez avec vous le brin montant jusqu'au bout de la corde.
- Retirez les différents marquages des extrémités de la corde (ruban adhésif ou embout plastique) afin d'éviter tout risque de coincement.
- Afin de limiter les frottements, n'hésitez jamais à rajouter un maillon rapide ou un mousqueton sur les anneaux en place.

Si le terrain est accidenté, faites de préférence des rappels courts.

Malgré toutes les précautions mises en œuvre, votre rappel s'est coincé. Que faire ?
Quelle que soit la procédure employée, restez toujours auto-assuré ou assuré.
- Si vous avez encore les deux brins, commencez par faire coulisser la corde ou la faire onduler afin de la dégager de l'endroit où elle est bloquée.
- Si cela ne marche pas, mettez-vous à deux pour tirer dessus, en vous aidant éventuellement d'un autobloquant pour avoir une meilleure prise.
- Si la corde ne vient toujours pas et que cela est possible, décalez-vous latéralement.
- Si toutes ces manœuvres échouent, remontez, soit en escalade, assuré avec la corde dont vous disposez, soit le long de la corde avec des autobloquants, à la condition expresse d'avoir les deux brins à disposition. Veillez toutefois aux frottements possibles.
En aucun cas, ne remontez sur un seul brin !
- Ultime solution : coupez votre corde au plus haut en espérant pouvoir continuer la descente avec ce qu'il vous reste.

Savoir consolider l'équipement en place

L'altitude, du fait de l'alternance du gel et du dégel, est un milieu très agressif pour l'équipement en place.
Vérifiez-le systématiquement avant de lui confier votre sécurité.
N'hésitez pas à consolider l'équipement en place.

Retapez ou replantez les pitons qui vous semblent douteux.

Les aiguilles du Diable depuis le col Maudit au soleil levant.

Accumulation d'anneaux vieillis.

Pour les rappels, contrôlez les anneaux et changez-les au moindre doute.

Réalisez une triangulation pour répartir la charge au mieux et limiter les frottements.

15

L'ESCALADE MODERNE EN HAUTE MONTAGNE

TABOU À LA CHANDELLE DU TACUL (3551 m - massif du Mont-Blanc)

- Comment aborder la paroi
- La spécificité de l'escalade en fissure
- Utiliser la corde double et poser des points de protection
- Surmonter un court passage trop difficile en libre
- S'installer et utiliser des relais en terrain vertical
- Descendre une paroi en rappels successifs

Depuis les années 1980, la pratique de l'escalade en haute montagne à radicalement changé. Les grimpeurs de falaises y ont transposé leur pratique. Il s'en est suivi une explosion du nombre d'itinéraires de rocher purs. Les points communs de cette évolution sont essentiellement constitués par une recherche de la ligne offrant une belle escalade libre et homogène sur un granit sain, dans un cadre de rêve, et par la difficulté technique des passages se substituant à l'engagement d'itinéraires plus alpins. Dans ce style, *Tabou* est un joyau. Avec une approche simple, il propose un festival d'escalade variée pour un dénivelé et un engagement relativement faibles. Cependant, ne l'abordez pas comme une voie de falaise, car vous évoluez à 3500 m et il faut compléter l'équipement. De plus, la gestuelle spécifique au granit demande un peu d'adaptation aux habitués du calcaire...

Organisez votre matériel rationnellement sur votre harnais (rangez les coinceurs par taille).

La première longueur.

- **Première ascension:** Michel Piola et Pascal Strappazzon, le 10 juillet 1988.
- **Difficulté:** ED, niveau 6b très homogène avec un court passage de 7a (6b obligatoire).
- **Équipement de la voie:** une trentaine de points de protections + relais en place (goujons à expansion et pitons).
- **Équipement pour une cordée de deux**
  - Matériel d'approche glaciaire (crampons et piolet + nécessaire à crevasse)
  - Topo + carte + boussole + altimètre
  - Corde 2 x 50 m
  - Un jeu (6 pièces) de coinceurs à cames (fissures de 1 à 6 cm)
  - Un jeu de coinceurs câblés + décoinceur
  - Une dizaine de dégaines + mousquetons libres et anneaux de tailles variées
  - Chaussons et harnais + système d'assurage + casque + gants de cuir
  - Lampe frontale et trousse de secours
  - Un couteau + 5 m de cordelette à abandonner pour renforcer les amarrages
- **Dénivellation:** 200 mètres et 7 longueurs.
- **Horaire:** 1h30 pour l'approche sur le glacier depuis la pointe Helbronner (téléphérique) + environ 4 h d'escalade et de rappels + 1h30 de retour.
- **Ligne générale:** elle est particulièrement rectiligne et esthétique. Elle raye le granit rouge et orangé de la face sud-est de la Chandelle du Tacul qui se dresse aux portes de la Combe Maudite, près du Grand Capucin.
  La voie commence par une succession de dalles jusqu'à un dièdre raide (passage clé). Elle franchit ensuite un mur parsemé de knobs jusqu'aux magnifiques fissures sommitales de cette flèche de granit.
- **Période et conditions favorables:** d'avril à octobre, l'approche est très confortable à skis. Cette face très raide et ensoleillée sèche rapidement après le mauvais temps.

Comment aborder la paroi

La jonction du glacier et du rocher – la roture – est une zone fragile où il convient d'être prudent. Comme pour l'approche glaciaire, restez corde tendue pour choisir le meilleur endroit afin de vous préparer à l'escalade. Cet emplacement est stratégique pour mettre les chaussons et commencer à grimper.
Topo en main, anticipez dès à présent l'arrivée de la descente en rappel. L'idéal est de vous installer sur une terrasse rocheuse ou, à défaut, d'aménager une plate-forme en neige, à l'abri d'éventuelles coulées. Installez-vous confortablement et procédez rationnellement pour changer d'équipement. Attachez ici ce qui est désormais inutile. Il serait dommage de perdre une chaussure dans la manœuvre ! Habituellement, seul le second porte un petit sac avec boisson, vivres de course, vêtements, gants, frontale et trousse de secours.

La spécificité de l'escalade en fissure

Le fait de devoir se protéger dans les fissures ajoute une dimension émotionnelle particulière, très différente de l'escalade sportive sur des itinéraires tout équipés.
La stratégie d'ascension – et notamment le choix de l'emplacement des protections – doit être optimisée et anticipée, tant pour la sécurité en cas de chute que pour favoriser la fluidité des gestes et le plaisir de l'escalade.
Protégez-vous régulièrement avant les mouvements clés, tout en veillant à garder assez de coinceurs pour la fin de la longueur.

Posez-vous LA question : quels coinceurs (taille et modèle) vais-je mettre dans cette longueur et dans quel ordre ?
Sachez évaluer la fiabilité d'un point en place. En cas de doute, rajoutez un coinceur ou un anneau.

TABOU À LA CHANDELLE DU TACUL (3551 m - massif du Mont-Blanc)

Utiliser la corde double et poser des points de protection

Choisissez les positions de repos ou de relâchement, avant un passage délicat, pour placer des protections fiables. Méfiez-vous particulièrement des passages au-dessus des vires.

La règle d'or de l'utilisation de la corde double reste la recherche de la fluidité. Le trajet des cordes doit être le plus rectiligne possible en évitant le frottement.

Le fait de mousquetonner alternativement chacun des brins, associé au placement stratégique de longues dégaines, permet de grimper avec un minimum de tirage et de limiter la force de choc en cas de chute.

Le trajet des cordes doit être le plus rectiligne possible en évitant le frottement.

Mousquetonnez chaque brin de corde alternativement.

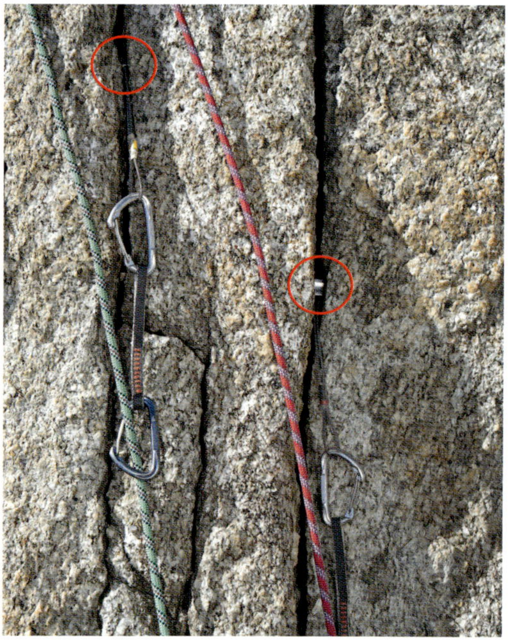

Si les coinceurs sont moyennement fiables, doublez la protection.

Surmonter un court passage trop difficile en libre

Devant un passage trop difficile pour votre niveau en libre ou une section mouillée, procédez rationnellement pour le surmonter rapidement avec un minimum d'effort.
Évitez de demander à votre compagnon de vous bloquer (effet poulie et liberté de mouvement).
Suspendez-vous à une dégaine sur le dernier point atteint, pour vous reposer et évaluer la situation sereinement. Confectionnez un étrier de deux ou trois marches en nouant un anneau de sangle.
Cet étrier vous permettra de monter plus haut en soulageant vos mains.
Au besoin, répétez cette opération en plaçant un ou des coinceurs qui serviront plus à la progression qu'à la protection.
Une fois la difficulté surmontée avec ces astuces artificielles, il faudra reprendre l'escalade naturelle... en libre !

Assurage du second sur un relais sur goujons.

Franchissement d'un court passage très athlétique grâce à un étrier.

S'installer et utiliser les relais en terrain vertical

Une fois la longueur gravie, le leader arrive à l'emplacement du relais, généralement équipé de 2 goujons à expansion reliés par un anneau de corde qu'il convient de vérifier. Ils sont souvent pourvus d'un maillon pour le rappel. Confectionnez un couplage au moyen d'un anneau ou vachez-vous directement et distinctement avec chaque corde sur les plaquettes des goujons. Installez le système d'assurage du second de cordée sur le point bas du relais. Vu la qualité de ce type d'amarrages, le leader mousquetonnera sa corde dans le point haut du relais au départ de la longueur suivante.

Le système d'assurage du second est installé sur le point du bas.

Veillez au bon état de la cordelette reliant les points du relais.

Utilisez systématiquement un autobloquant pour sécuriser votre descente.

Descendre une paroi en rappels successifs

La descente en rappels successifs et une technique relativement simple et confortable pour rejoindre rapidement la base d'une paroi. Cependant, elle requiert une grande maîtrise des gestes à accomplir dans la bonne chronologie. Ici, le danger réside dans la répétition d'actions vitales, relais après relais, qui peut entraîner une baisse de la vigilance.

CHRONOLOGIE DE LA DESCENTE EN RAPPEL

- Installez sur le harnais une longe à étages (anneau noué ou daisy chain) avec un mousqueton de sécurité, et longez-vous au relais.
- Décordez-vous en veillant à ne pas laisser la corde s'échapper !
Nouez les deux brins après en avoir passé un dans l'anneau métallique.
- Lancez ou laissez filer chaque corde indépendamment.
- Le premier qui descend installe un autobloquant en cordelette connecté à son harnais par un mousqueton de sécurité. Il tire un mètre en amont permettant la mise en place des deux descendeurs, chaque membre de la cordée vérifiant l'installation de l'autre. C'est ce qu'on appelle la vérification croisée.
- Au cours de la descente, regardez toujours vers le bas pour contrôler la longueur de corde disponible. Si vous devez vous approcher de l'extrémité de la corde pour atteindre un relais éloigné, arrêtez-vous grâce à l'autobloquant, 7 à 8 mètres en amont, pour confectionner un nœud de sécurité en bout de corde.
- Le relais inférieur une fois atteint, évaluez sa solidité et installez votre longe sur un mousqueton maître.
- Libérez la tension sur les cordes de rappel en récupérant votre descendeur, mais laissez impérativement l'autobloquant en place, jusqu'à ce que votre compagnon vous ait rejoint.
- Une solution alternative consiste à nouer les brins de corde et de les attacher à l'amarrage.
- Le second peut entamer sa descente, après avoir installé son autobloquant.
- Il prend soin de positionner les cordes, et particulièrement le nœud de jonction pour permettre un bon coulissement, et de mousquetonner avec sa longe, pour l'identifier, le brin de corde à rappeler.
- Arrivé au relais inférieur, il se longe sur le mousqueton maître.
- Il reste à rappeler la corde, en espérant qu'elle ne se coince pas, et à répéter les étapes précédentes.

Un mousqueton « maître » placé sur le maillon permet à tous les membres de la cordée de s'auto-assurer dessus confortablement.

Technique, équilibre et bonne
anticipation sont indispensables
pour être efficace.

16

LES GOULOTTES

PETIT VIKING - POINTE DU DOMINO (3648 m - Mont-Blanc)

Passer la rimaye

S'assurer en goulotte : relais et points de protection

Évoluer en terrain mixte

Descendre

L'escalade des goulottes de glace constitue aujourd'hui une part importante de l'alpinisme pratiqué en dehors de la saison estivale. Avec l'évolution du matériel, devenu plus performant, de nombreux pratiquants se sont tournés vers cette forme d'alpinisme. Ce type de course est vraiment intéressant, car il demande de combiner plusieurs techniques, tant pour l'assurance que pour l'escalade. La ligne d'ascension est donnée par le trait de glace lui-même. En fait, on se trouve à la frontière de deux mondes, entre glace et rocher ; et l'on grimpe sur la glace tout en se protégeant dès que possible dans le rocher. Ne pensez surtout pas que toutes les goulottes se ressemblent. Chacune possède son caractère et, une fois la technique acquise, vous n'aurez de cesse de retourner vers ces lignes éphémères.

Le matériel pour une cordée.

Première longueur de la goulotte.

- **Première ascension:** Bruno Cormier, Dominique Radigue et Sylviane Tavernier, le 12 avril 1984.
- **Difficulté:** III 4 avec passages à 70/80°.
- **Le matériel pour une cordée**
  - Une corde à double traitée dry (2 x 60 m)
  - Crampons et piolets techniques
  - 6 à 8 broches à glace moyennes et courtes
  - 3 à 4 coinceurs mécaniques, 4 à 5 stoppers et 3 à 4 pitons
  - 4 à 5 sangles doubles, 7 m de cordelette
  - 1 plaque corps-mort
  - 6 à 7 dégaines dont 1 ou 2 dites «à absorption d'énergie», quelques mousquetons simples et à vis, appareil d'assurage
  - Petite pharmacie, thermos, gants de rechange, gilet en duvet, couteau, couverture de survie

  Pour l'approche, n'oubliez pas l'ARVA, la pelle, et la sonde.

  D'une manière plus générale, adaptez les quantités en fonction des difficultés, mais gardez à l'esprit qu'il est souvent judicieux d'emporter, pour l'ascension des goulottes, un choix plus large de points d'assurance (pitons, coinceurs) pour le rocher que pour la glace.
- **Dénivellation:** 500 m de la rimaye à la brèche.
- **Horaire:** 3 à 5 heures pour la montée, 1 à 2 heures pour la descente en rappel. Rajouter 2 heures pour l'approche depuis le refuge d'Argentière ou la gare du téléphérique des Grands Montets.
- **Période favorable:** automne, hiver et printemps.
- **Ligne d'ascension:** suivre la goulotte jusqu'à la brèche. Il est possible de rejoindre le sommet de la pointe du Domino en suivant l'arête frontière vers l'est.

Passer la rimaye

C'est en passant la rimaye que vous entrez pleinement dans l'ascension. Il s'agit donc d'un moment important de la course. Lorsqu'elle est complexe (fragile ou/et haute), la rimaye demande une grande vigilance lors de son franchissement. La corde délovée, franchissez-la avec précaution, en faisant attention à la solidité de l'édifice, tandis que votre second se positionne confortablement et en sécurité en aval pour vous assurer avec efficacité.

Dans la mesure du possible, une fois la rimaye franchie, essayez de faire une courte longueur pour installer un relais dès que possible. Cela vous permettra de communiquer facilement avec votre compagnon de cordée tout en l'assurant plus efficacement que si vous étiez en bout de longueur (problème de l'élasticité de la corde en cas de chute du second).

Une longueur courte pour mieux assurer votre second.

S'assurer en goulotte

Les relais

Si vous n'arrivez pas à faire de relais sur le rocher, ce qui est parfois le cas lorsque vous êtes dans le cône de déjection de la goulotte au-dessus de la rimaye, vous pouvez en faire un sur corps-mort directement dans la neige. Si vous n'avez pas de plaque dead man, utilisez un de vos piolets en corps-mort avec un système d'encoche en T (voir le chapitre Évoluer sur la neige). Une fois le point d'assurance installé, placez-vous deux mètres en aval, en confectionnant une bonne plate-forme pour vos pieds afin d'être en tension dessus. Assurez votre second avec un demi-cabestan sur mousqueton HMS placé au pontet, ou directement sur le relais, si vous êtes sûr de sa solidité.

Placement d'un corps-mort.

Placez-vous 2 mètres en aval pour assurer.

Un relais décalé de l'axe d'ascension.

Au départ du relais, placez un point de renvoi.

Après avoir remonté les pentes donnant accès à la goulotte en tirant des longueurs ou en escalade simultanée, vous arrivez au pied des difficultés. Installez alors un bon relais, de préférence décalé. Même si la longueur vous semble facile, pensez toujours à la possibilité d'une chute de pierre, d'une coulée ou à la rupture d'un bouchon de neige en amont.

Les goulottes sont en effet, les déversoirs naturels de ce qui vient d'en haut. Comme pour la cascade de glace, employez la technique de la double corde en séparant les brins, mais en privilégiant la mise en place de protections sur le rocher à chaque fois que vous le pouvez.

Dans les goulottes les plus fréquentées, les relais sont souvent en place. Vérifiez-les minutieusement, en dégageant la glace qui les recouvre pour contrôler l'état des sangles, cordelettes et points en place. En cas de doute, retapez les pitons et organisez une nouvelle triangulation par l'ajout d'un nouveau point (coinceur, broche à glace ou becquet).

En réversible, le second repart en tête dès qu'il arrive au relais, après avoir récupéré le matériel restant de son compagnon. Avec un peu d'organisation, c'est la technique la plus rapide lorsque vous grimpez avec un compagnon de niveau équivalent.

Les points de protection

Dès que possible au départ du relais, placez un point de renvoi afin d'éviter une chute en facteur 2 sur celui-ci. Bien que les points d'assurance spécifiques à la glace soient les broches, privilégiez le placement de points sur les rives de la goulotte (d'où l'importance de disposer d'un choix important de coinceurs). Il faut parfois dégager la neige ou la glace qui recouvre les fissures pour trouver de bons emplacements pour coinceurs. Cette habitude est gage de sécurité, car il n'est pas toujours possible, du fait de la finesse ou de la qualité de la glace, de placer des broches solides. C'est d'ailleurs un des attraits de ce type d'escalade que de demander de la réflexion pour se protéger de manière rationnelle.

Rappelez-vous qu'il vaut mieux utiliser une broche courte vissée à fond, plutôt qu'une broche plus longue à moitié enfoncée à cause du rocher sous-jacent.

Placement d'un coinceur.

PETIT VIKING - POINTE DU DOMINO (3648 m - Mont-Blanc)

Les becquets: lorsque vous le pouvez, utilisez les becquets rocheux qui affleurent sur les rives de la goulotte. Au moyen d'une sangle, coiffez le sommet d'un becquet, puis mousquetonnez la corde. Assurez-vous que la sangle autour du bloc est bien positionnée et de longueur suffisante, pour éviter que les mouvements de la corde ne la fassent sauter dès que vous aurez fait quelques mètres d'escalade. Au besoin, n'hésitez pas à creuser la neige derrière le rocher.

Placement d'un anneau sur un becquet.

Crochetage de lame de piolet.

Évoluer en terrain mixte

En goulotte, il arrive souvent qu'il y ait des passages de mixte, où vous aurez à jouer astucieusement avec ce cocktail de glace et de rocher mêlés. Si le terrain mixte peut sembler déroutant au premier abord, il s'apprivoise néanmoins assez vite avec un peu de technique et d'entraînement. Sans être un as du dry tooling, vous pourrez rapidement vous faire plaisir et profiter des sensations que le mixte autorise.

Les crochetages de lames et les posés de crampons: comme pour l'alpinisme en général, gravir une section de mixte, demande de savoir utiliser le terrain. N'hésitez pas à profiter des reliefs du rocher avec vos piolets et crampons. Coincées ou crochetées dans une fissure, les lames de piolets peuvent offrir un ancrage très solide. De même, les pointes frontales des crampons permettent d'utiliser de minuscules réglettes sur lesquelles vous aurez pleinement confiance avec un peu d'habitude.

Pose des crampons sur le rocher.

Descendre

Dans les goulottes les plus classiques, la plupart des amarrages de rappel sont déjà en place. Néanmoins, il est indispensable de vérifier systématiquement leur solidité et de les réinstaller ou de les consolider si nécessaire. Dans la plupart des cas, ces relais s'avèrent présenter d'importantes faiblesses en matière de sécurité, du fait de l'alternance du gel et du dégel. S'il est toujours possible de les renforcer par le rajout d'un point lors de l'ascension, il est impératif de prendre le temps nécessaire à leur réfection complète lorsque vous descendez en rappel. N'hésitez jamais à couper les nombreuses vieilleS sangles et cordelettes qui le constituent. La quantité dans ce cas, étant rarement synonyme de solidité…

« Votre » relais de rappel: après avoir récupéré les clous en place, puis les avoir replantés solidement, utilisez un morceau de cordelette neuve pour confectionner une triangulation correcte. Si cela est possible, recyclez le maillon de l'ancien relais.

L'agressive testing: une fois votre amarrage de rappel réalisé, profitez du fait d'être sur la corde de rappel pour pratiquer la technique de l'agressive testing. Issue de l'escalade artificielle, cette méthode consiste à tester de façon appuyée des points que vous venez de mettre en place, pour vous assurer de leur solidité.

Vérifiez les amarrages et, si besoin, refaites un relais inarrachable.

Pour cela, longez-vous au relais et laissez un peu de mou à la corde de rappel en la faisant coulisser dans votre autobloquant et votre descendeur.
Donnez alors quelques à-coups secs au relais en exerçant à plusieurs reprises une forte tension sur votre longe (photo ci-dessous, à gauche).

Contrôle des becquets: si vous utilisez des becquets qui sortent de la glace, il est essentiel de les dégager en partie pour voir leur assise et tester leur solidité. Au moindre doute, choisissez un autre becquet ou installez un amarrage sur d'autres points.

Une fois sûr de votre amarrage; vous pouvez communiquer avec votre compagnon pour qu'il vous rejoigne. Pour une sécurité accrue, reliez la corde à l'amarrage ou gardez votre autobloquant sur la corde, jusqu'à son arrivée.
Rappelez la corde et recommencez l'opération en restant vigilant malgré la répétition.

L'agressive testing.

Contrôlez la solidité des becquets.

17

LES GRANDES COURSES

LE PILIER CENTRAL DU FRÊNEY AU MONT BLANC (4810 m)

La stratégie d'ascension

Une longueur d'escalade artificielle

Hisser un sac

Le bivouac en paroi

Définir les grandes courses n'est pas facile, car cela fait appel à plusieurs notions clés de l'alpinisme, chacune demandant elle-même à être définie. Pour parler d'une grande course, on se réfère à l'engagement et l'on rajoute souvent physique et moral. Il est ainsi des alpinistes qui ont le moral pour entreprendre de grandes ascensions et d'autres qui en rêveront toute leur vie sans jamais les aborder. On peut mentionner également la technicité, l'éloignement, la difficulté de retraite comme facteurs déterminants de la grande course. À l'image des cotations, il y a de la subjectivité dans la grande course car chacun, selon son niveau ou son mental, aura sa propre échelle de valeurs pour lui attribuer ce statut ou non. Le degré d'investissement personnel que l'ascension demande étant différent selon les aptitudes (physiques et morales) de chacun.

Les grandes courses et leurs acteurs ont contribué pour une bonne part à l'histoire de l'alpinisme. S'engager dans une ascension mythique est donc aujourd'hui encore porteur de sens. Aller au Frêney, à la Walker en face nord des Grandes Jorasses ou vers d'autres courses de cette ampleur, c'est entretenir une filiation avec les générations précédentes qui ont découvert ces itinéraires. Lorsque l'on se lance dans l'une de ces ascensions prestigieuses, on ne

Le versant italien du mont Blanc. La croix indique l'emplacement du bivouac Eccles.

La traversée de la seconde longueur de la Chandelle.

peut qu'être admiratif de la force de caractère de leurs ouvreurs, au vu des moyens limités ou rudimentaires avec lesquels elles furent gravies initialement.

Ce pilier fut d'ailleurs le théâtre d'un des drames les plus spectaculaires de l'histoire du massif du Mont-Blanc. Lors d'une tentative d'ouverture, quatre alpinistes de renom moururent d'épuisement. Seuls Bonatti, Gallieni et Mazeaud réussirent à redescendre du pied de la Chandelle où une tempête d'une rare violence les avait cueillis.

Aujourd'hui, même si l'engagement a largement diminué grâce à des prévisions météos fiables, des moyens de communications efficaces, un équipement performant et un service de secours bien rôdé, aller là-haut garde encore une part non négligeable d'aventure. C'est peut-être dans cette incertitude sur le succès de l'entreprise que réside l'attrait des grandes courses. Mais cela demande de mettre en œuvre une stratégie et des moyens appropriés pour une réalisation dans les meilleures conditions.

LES GRANDES COURSES

LE PILIER CENTRAL DU FRÊNEY AU MONT BLANC (4810 m)

- Première ascension : Ch. Bonnington, Y. Clough, J. Duglosz et D. Whillans, les 27-29 août 1961, suivis par I. Piussi, R. Desmaison, P. Julien et Y. Pollet-Villard, les 28-29 août 1961.
- **Difficulté :** cotée TD sup, la voie comporte de nombreux passages de 5 et 5c ainsi que 2 longueurs d'escalade artificielle en A0/A1 dans la Chandelle, en partie haute de la voie. Celles-ci peuvent se gravir en libre (7a+). Mais plus que la difficulté intrinsèque des passages, c'est l'ampleur et l'éloignement de l'ascension qui lui donnent son caractère de grande course.
- **Équipement de la cordée**
  - Un piolet et un marteau-piolet
  - Crampons
  - 4 broches à glace
  - corde 2 x 50 m
  - Harnais + système d'assurage + anneaux de tailles variées
  - Une dizaine de dégaines + mousquetons libres
  - 2 étriers longs
  - Un jeu de coinceurs à cames (5 à 6 pièces)
  - Un jeu de coinceurs câblés + décoinceur
  - 4 à 5 pitons variés
  - Casque, frontale, trousse de secours
  - Un couteau + 5 m de cordelette à abandonner
  - Carte, topo, boussole et altimètre
  - Kit de bivouac : abri, veste en duvet, réchaud
- **Dénivellation :** un peu plus de 1000 m du refuge bivouac Eccles au sommet du mont Blanc (en tenant compte de la descente après le col Eccles), dont environ 600 m pour le pilier.
- **Horaire :** une douzaine d'heures du refuge bivouac au sommet.
- **Ligne générale :** du refuge bivouac Eccles (3850 m), rejoignez le col du même nom situé au pied de l'arête de l'Innominata. Du col, gagnez les pentes qui dominent le plateau supérieur du glacier du Frêney et traversez-les en direction du pilier Central. La ligne d'ascension est donnée par le pilier lui-même. Un rappel au sommet de la Chandelle vous permet d'atteindre le mixte final qui donne accès à l'arête du Brouillard, par laquelle vous sortirez au sommet du mont Blanc.
- **Période et conditions favorables :** durant l'été, lorsque le rocher est sec et que la météo est très stable.

La stratégie d'ascension

La stratégie pour aborder une grande course sereinement participe d'une alchimie subtile ; chaque ingrédient doit s'articuler parfaitement pour fonctionner :

- La confiance, développée au cours de vos ascensions précédentes.
- La connaissance préalable de votre compagnon de cordée.
- Une bonne synergie avec celui-ci, l'esprit d'équipe.
- Le niveau technique en rapport avec les difficultés.
- Du flegme et de la pugnacité pour gérer l'effort dans la durée.
- Le matériel adapté au terrain.
- De bonnes conditions sur la montagne.
- Des conditions météorologiques anticycloniques.
- Le respect d'un horaire et d'un rythme.

Qu'un de ces éléments vienne à manquer et vous risquez de compromettre fortement la réalisation de la course de vos rêves.

Vous avez pensé à votre projet une grande partie de l'année, et enfin vous voilà à pied d'œuvre pour le réaliser. Avant de vous lancer, vous aurez fait de préférence une ou deux courses de réadaptation, et pour le Frêney en particulier, une course en altitude afin de vous acclimater.
Physiquement et mentalement au point, il vous faut prévoir l'équipement nécessaire. Ici plus qu'ailleurs, le poids est l'ennemi numéro un. Choisissez l'essentiel sans pour autant nuire à la sécurité. Le matériel, plus conséquent que pour les courses de moindre envergure, prend ici toute son importance.

Sous la Chandelle.

Au sommet de la Chandelle. Plus que 300 m de dénivelé pour gagner le sommet du mont Blanc...

Car le bivouac imprévu n'est jamais à exclure. Un réchaud et un abri de bivouac semblent être le minimum indispensable à rajouter au fond de sac habituel. Et pour les courses en altitude comme celle décrite ici, prévoyez une veste en duvet plutôt qu'un simple gilet.
Autre point auquel vous devrez veiller : le volume de votre sac, qui doit permettre le rangement des chaussures de montagne si vous grimpez en chaussons d'escalade.

S'agissant d'une course d'ampleur, il est important de savoir tenir un horaire tout en gérant votre effort dans la durée. Apprenez à être économe de vos gestes. Ainsi, lors des approches, ne cherchez pas à « vous mettre dans le rouge » en allant trop vite et en arrivant trempé au départ de la voie. Savoir s'économiser fait partie de l'indispensable apprentissage qui vous permettra d'être serein dans ces entreprises de longue haleine. Dans cette optique, prenez l'habitude d'accrocher votre sac à chaque relais. Si, en début d'ascension, vous n'en ressentez pas le besoin, vous verrez qu'à la longue, cela vous permettra de garder de précieuses forces. Et, sans contredire ce qui a été dit auparavant, il faut parfois accélérer pour franchir certains passages exposés, ou en cas d'arrivée du mauvais temps.

Le refuge bivouac Eccles, un véritable nid d'aigle pour un confort relatif.

LE PILIER CENTRAL DU FRÊNEY AU MONT BLANC (4810 m)

Au cours de vos ascensions précédentes, vous avez appris à gérer les situations stressantes, ce qui vous aide à ne pas vous effondrer subitement à la première difficulté rencontrée. Un épisode de mauvais temps, un compagnon dans lequel vous aviez confiance et qui ne tient pas la distance, etc.

En clair, l'apprentissage de la stratégie d'ascension propre aux courses d'envergure commence implicitement dès vos premières années de pratique, lorsque vous construisez votre personnalité d'alpiniste.

Le bivouac en paroi

On peut distinguer deux grandes familles de bivouacs:
les «4 étoiles» et les «maudits». Ceux que l'on a prévus et anticipés en emportant le matériel nécessaire et les imprévus pour lesquels on ne dispose pas de l'équipement souhaitable.

Les incontournables du bivouac en paroi, prévu ou non:
- Choix de l'emplacement
- Auto-assurance et assurance des matériels
- Isolation et protection
- Hydratation et alimentation
- Essayer de s'allonger pour récupérer

Un bivouac en paroi est d'abord une question d'organisation et d'intelligence pratique. Si les nuits estivales sont courtes et permettent de se contenter de peu d'équipement, il n'en est pas de même en hiver ou en altitude. Dans ce cas, il faut un équipement spécifique pour envisager un bivouac récupérateur. Rien n'est plus désagréable que de claquer des dents toute une nuit avant de reprendre une escalade difficile.

L'organisation du bivouac commence par le choix de l'emplacement. Vous serez peut-être amené à vous arrêter bien avant la nuit parce qu'une plate-forme confortable permettrait une installation facile. Comme vous le voyez sur la photo ci-contre, une bonne vire au pied de la Chandelle permet de se poser commodément. Retenez cette option si vous arrivez trop tard au pied de ce passage. Car vous engager dans son escalade pourrait vous contraindre à passer une nuit dans des conditions précaires.
Les histoires d'alpinistes contraints de bivouaquer sur leurs étriers, ou pendus dans leur harnais, sont nombreuses. Il est donc préférable de s'arrêter et de profiter du jour pour se préparer à la nuit: améliorer l'emplacement de bivouac, aller collecter de la neige et la faire fondre, ranger l'équipement, etc. Toutefois, si vous êtes engagé dans un passage difficile et que la nuit vous surprend, il est souvent préférable de redescendre d'une longueur pour rejoindre un emplacement commode, en laissant la corde en place, plutôt que de vouloir sortir à tout prix.
Dans un premier temps, organisez une ligne de vie ou une auto-assurance correcte. Vous l'utiliserez également pour accrocher tout votre équipement, en veillant avec un soin particulier aux chaussures. Ensuite, rangez le matériel de façon rationnelle pour en disposer rapidement le lendemain. Si vous avez suffisamment de temps, vous pouvez envisager de fixer une corde dans la longueur qui domine, ce qui

vous permettra d'en gagner sur la journée suivante, sans compter qu'une remontée de corde matinale aide au réveil musculaire après le froid nocturne...
Pour le confort, il est important de vous isoler du froid, aussi bien celui de conduction, qui vient du sol, que celui de convection provoqué par l'air ambiant. Pour le sol, si vous n'avez pas de matelas mousse, utilisez votre corde pliée en écheveaux dont vous répartirez les anneaux au sol uniformément. Pour l'air ambiant, une toile d'abri de bivouac est la meilleure solution ou, à défaut, une couverture de survie.
Une fois posés et bien installés, réhydratez-vous en faisant fondre de la neige et remplissez vos gourdes pour le lendemain. Profitez des derniers moments de chaleur diurne avant que le froid de la nuit ne fasse pleinement son effet. Lorsque le froid se fait plus mordant en cours de nuit, vous avez le choix : chanter à tue-tête, vous donner des grandes claques sur les cuisses ou vous rapprocher de votre compagnon de cordée pour partager sa chaleur animale.

Pour les ascensions en glace ou en terrain mixte, l'organisation du bivouac passe d'abord par un nécessaire travail de dégagement ou de taille d'une plate-forme.

LES POINTS CLÉS DE L'ESCALADE ARTIFICIELLE DE DIFFICULTÉ A0-A1

- Organisez votre matériel rationnellement pour en disposer facilement.
- Ayez au moins un véritable étrier à 5 échelons.
- Testez les pitons en place et n'hésitez pas à les retaper.
- Rajoutez quelques coinceurs pour sécuriser ou faciliter votre progression.
- Utilisez intelligemment l'assurance à la double corde pour éviter le tirage.
- Évitez de vous faire bloquer par votre compagnon de cordée lorsque vous êtes leader, car cela a pour effet de doubler la tension sur la corde et, par contrecoup, sur les points.
- Économisez vos bras au maximum en utilisant une longe à étages ou une dégaine pour vous suspendre aux points.

Une longueur d'escalade artificielle

La Chandelle du Frêney est un passage de 4 ou 5 longueurs dont les 2 ou 3 premières se gravissent classiquement en escalade artificielle, avec quelques pas de libre entre les points en place. Selon votre état de fatigue ou les conditions, vous pourrez être amené à gravir toute cette section en artificielle.

Pour être plus à l'aise en artificielle, prévoyez au moins un étrier à 5 échelons dans votre équipement, plutôt qu'une sangle nouée. Ce type d'escalade est physiquement très économique pour franchir certaines sections, à condition d'en maîtriser la technique. Encore une fois, nous n'insisterons jamais assez sur l'apprentissage nécessaire.

Dans les classiques, la plupart des points sont en place : de vieux pitons, des sangles et des cordelettes blanchies qui demandent à être utilisées avec précaution. Testez les pitons avant de vous pendre dessus et n'hésitez pas à retaper ceux qui vous semblent suspects. Pour sécuriser votre passage, rajoutez quelques coinceurs entre les points existants.

L'escalade artificielle est physiquement très économique pour franchir certaines sections, à condition d'en maîtriser la technique.

LE PILIER CENTRAL DU FRÊNEY AU MONT BLANC (4810 m)

Le passage du toit de la Chandelle est d'anthologie. Le sac est accroché au pontet du baudrier pour plus d'aisance.

L'arrivée au sommet du mont Blanc, un rêve pour tant d'alpinistes.

En cas de passage athlétique ou malcommode comme une cheminée, hissez votre sac à dos ou accrochez-le au pontet du baudrier à l'aide d'une sangle double (photos ci-dessous : technique du hissage de sac à l'aide de deux autobloquants et d'un étrier).

18

LES CASCADES DE GLACE

LA CASCADE DE PATRI, VALNONTEY (val de Cogne, Italie)

La stratégie d'ascension

Le brochage et la confection d'un relais

Les rappels en cascade

La gestuelle de base

Piolets et crampons spéciaux « cascade ».

Le matériel de protection en cascade.

- **Première ascension:** Gian Carlo Grassi et P. Marchisio, le 20 mars 1985
- **Difficulté:** II 4 et II 5 pour Patri de droite.
- **Dénivellation:** 250 m.
- **Horaire:** 1h30 d'approche et 3 à 4 heures pour l'escalade et la descente.
- **Période et conditions favorables:** il s'agit d'une cascade qui est en condition très rapidement et longtemps. Il est souvent possible de la gravir dès mi-novembre jusqu'à mi-avril. Veillez cependant aux conditions de gel et aux risques d'avalanche.
- **Ligne générale:** constituée de plusieurs ressauts séparés par des sections enneigées peu inclinées, cette cascade n'est pas trop soutenue et se développe dans un cadre magnifique. Nous vous encourageons vivement à faire l'effort de la gravir dans son intégralité. Nombre de cordées s'arrêtent au sommet du mur médian, ce qui les prive de la partie haute véritablement splendide. Si la glace n'est pas recouverte de neige, vous aurez l'impression de remonter un véritable fleuve gelé aux multiples reflets, une féerie, comme seule la cascade de glace sait en proposer. Certaines années, il est possible de gravir une belle colonne en 5+ qui se forme entre le mur de gauche et le mur de droite.
- **Descente:** en rappel dans la cascade, ou plus simplement à pied depuis la base des murs centraux par un système de pentes et de couloirs, à droite en descendant.
- **Équipement de la cordée**
  - Piolets et crampons adaptés à la cascade de glace. Privilégiez des crampons à pointes avant verticales, mono ou bi-pointes. Les piolets, avec ou sans dragonne, doivent avoir une poignée confortable et un bon équilibrage.
  - Corde double 2 x 50 m ou 60 m traitée hydrofuge
  - Casque
  - Harnais et système d'assurance
  - Une douzaine de broches à glace de différentes longueurs, porte-broche, manivelle éventuellement
  - Une douzaine de dégaines dont 1 ou 2 « à absorption d'énergie » + quelques mousquetons libres
  - Sangles doubles, crochet à lunule
  - Quelques pitons et coinceurs
  - Un couteau + 5 m de cordelette pour renforcer les amarrages

Issue de la longue tradition de l'escalade glaciaire pratiquée dans les Alpes et en Écosse, où un renouveau se dessina dès les années cinquante et soixante, l'escalade des cascades de glace apparaît véritablement dans le courant des années soixante-dix en Amérique du Nord, sous l'impulsion de grimpeurs tels que John Bouchard, Greg et Jeff Lowe. En France, après l'ascension des principales lignes de glace d'altitude par des acteurs comme Cecchinel, Boivin et Gabarrou, ce type d'escalade s'est popularisée au cours des années quatre-vingt grâce à l'enthousiasme de certains pour cette activité. Citons entre autres Dominique Julien, Rainer Munsch, Godeffroy Perroux et François Damilano. Aujourd'hui, la cascade de glace est devenue une activité à part entière pratiquée par un grand nombre de grimpeurs. Elle permet, l'hiver venu, d'entretenir et de développer une gestuelle spécifique. Bien que se pratiquant en montagne hivernale, elle permet en effet de profiter rapidement des difficultés techniques de l'escalade elle-même, en faisant l'économie, dans la plupart des cas, d'une longue approche.

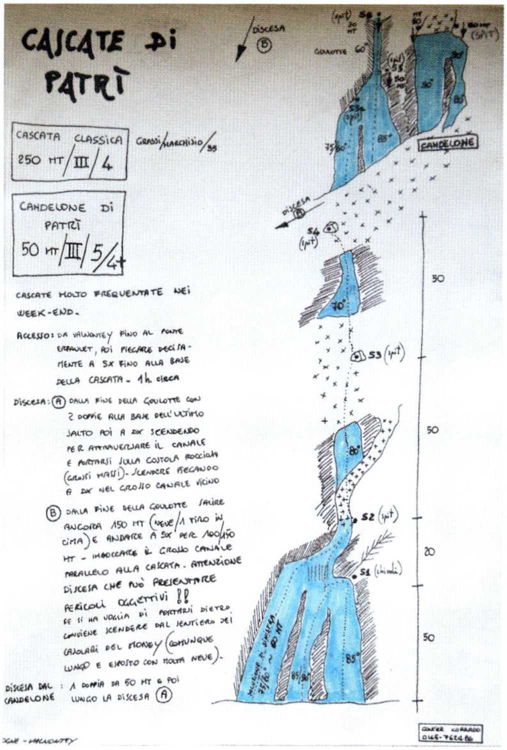

Dans la dernière longueur.

LA CASCADE DE PATRI, VALNONTEY (val de Cogne, Italie)

Le contenu du sac à dos pour les cascades de plusieurs longueurs.

La stratégie d'ascension

Avant d'envisager l'escalade d'une cascade de glace, il est important de vous renseigner sur les conditions nivologiques et météorologiques.
Essayez de savoir si la température a varié brutalement au cours des dernières heures.
Un changement rapide, en positif comme en négatif, par les contraintes qu'il provoque au sein de la glace, peut occasionner des effondrements soudains. L'idéal pour la pratique de la cascade est une température négative constante proche de zéro degré durant plusieurs jours. Soyez également attentif à la stabilité du manteau neigeux et n'hésitez pas à renoncer ou à changer d'objectif en cas de doute.
En arrivant au pied de la cascade, observez sa structure et son environnement pour détecter la présence éventuelle de dangers objectifs : chute de stalactites, surcharge des pentes, exposition au soleil, etc. Soyez également attentifs aux lignes de fracture, à la glace blanche... Autant de signes de fragilité potentielle.
Visualisez la ligne d'ascension générale et essayez d'anticiper sur l'emplacement des relais en cherchant à éviter les zones recouvertes de neige ou ruisselantes, difficiles à protéger.
Si d'autres cordées sont déjà engagées, soyez particu-lièrement attentifs aux éventuelles projections de blocs de glace. Il est judicieux de changer d'objectif en cas de surfréquentation.
Pour les cascades de plusieurs longueurs, munissez-vous d'un petit sac à dos que portera le second de cordée dans lequel vous mettrez une pharmacie, une petite doudoune, un thermos, de la cordelette et, pour chacun d'entre vous, une paire de gants de rechange et une frontale pour les retours tardifs.

Le brochage et la confection d'un relais

Le brochage

Adoptez une méthode de rangement rationnelle pour que votre matériel puisse être disponible rapidement, quelles que soient les conditions et les situations.
Par exemple : rangez vos broches par tailles et vos dégaines sur un porte-matériel différent. Et n'oubliez pas que vous manipulez tout ce matériel avec des gants...
Pour brocher, placez-vous dans une position de moindre effort, en équilibre sur les pieds, avec le bras tenant le piolet légèrement fléchi. Amorcez la broche sur le côté à hauteur de hanches, de manière à avoir une poussée optimale.
Au besoin, placez-la plus haut, sans pour autant dépasser l'épaule. Dans le choix de l'emplacement de la broche, privilégiez toujours la glace la plus compacte. Il est parfois utile de nettoyer la couche superficielle pour atteindre une glace de qualité.

Les principes de base :
- Brochez de façon à éviter une chute dangereuse.
- Évitez de longues sections sans protection, quelle que soit la difficulté.
- De préférence, protégez-vous avant les passages difficiles.
- Si vous avez des doutes sur la tenue d'une broche, placez-en une seconde rapprochée.

Position de brochage.

Position de mousquetonnage.

Mousquetonnez un seul brin de corde pour limiter la force de choc en cas de chute. Veillez à limiter le tirage en rallongeant la dégaine si nécessaire.
Parce que les rétablissements sur une partie moins raide sont souvent délicats, il est indispensable de vous protéger avant. Vous éviterez ainsi le syndrome de la fuite en avant...

Le relais

Confectionnez vos relais avec un minimum de 2 broches correctement couplées avec un anneau de corde ou de sangle.
S'il n'y a pas de marche naturelle où placer vos pieds, taillez-en une avec le piolet ou les crampons afin d'être en position confortable. Il est indispensable que le relais soit d'une solidité à toute épreuve; veillez donc à la qualité des points de relais et à leur position l'un par rapport à l'autre.
Évitez de planter vos piolets à proximité du relais pour ne pas le fragiliser.
Un relais protégé vous permet d'être beaucoup plus attentif à l'assurance qu'un relais exposé, où toute votre attention risque d'être accaparée pour éviter la glace envoyée par le leader.
Comme le montre la photo p. 127, le relais doit être, autant que possible, décalé de l'axe d'ascension.

Relais sur deux broches couplées.

LA CASCADE DE PATRI, VALNONTEY (val de Cogne, Italie)

Au départ du relais, prenez la précaution de placer une protection dès que possible, afin d'éviter une chute de facteur 2 sur celui-ci. L'assurance du premier de cordée se fait comme sur un relais triangulé en rocher, c'est-à-dire avec un demi-cabestan ou un « seau » placé directement sur le relais et non sur le pontet de votre baudrier.

Si le relais n'est pas abrité, soyez attentif à vous décaler de son axe pour éviter d'envoyer des blocs de glace sur votre compagnon de cordée.

Une fois confortablement installé, ravalez la corde en la rangeant de façon rationnelle, en écheveau par exemple, pour éviter qu'elle ne se coince derrière une aspérité sous le relais.

Placez rapidement une première broche pour protéger le relais.

Le rangement de la corde.

Rappel sur lunule.

Les rappels en cascade

Si d'autres cordées sont engagées derrière vous, privilégiez une descente en dehors de l'axe de la cascade, en rappel par un autre itinéraire ou à pied. Lorsqu'il n'y a pas de relais installés à demeure, vous descendrez sur des lunules que vous réaliserez. Dans ce cas, essayez de placer vos relais à des emplacements confortables et protégés.
Si l'eau ne coule pas à la surface de la glace, vous pouvez faire l'économie de la cordelette utilisée pour installer le rappel, en plaçant directement la corde dans la lunule. On parle alors de lunule sèche. Celle-ci fonctionnera idéalement si vous l'inclinez légèrement vers le bas (photo ci-dessous).

Prenez garde à ne pas oublier vos piolets au sommet du rappel.

Si vous descendez en premier, veillez à nettoyer les stalactites (photo ci-dessous) qui sont dans l'axe et qui risquent de dominer l'emplacement du relais inférieur. votre compagnon de cordée pourrait les casser par inadvertance.

LA CASCADE DE PATRI, VALNONTEY (val de Cogne, Italie)

Bras et jambes écartés à largeur d'épaule, jambes légèrement fléchies, regardez vers le bas pour visualiser où placer vos crampons, puis déplacez vos pieds alternativement.

Prenez alors appui sur vos crampons tout en tendant les jambes et en baissant les talons pour faire mordre efficacement les pointes avant dans la glace. Simultanément, collez le bassin près de la paroi pour favoriser l'équilibre.

Cette dernière action permet de vous dégager pour avoir une vision d'ensemble de la zone où ancrer vos piolets. Déplacez alors un piolet. Amorcez le planté derrière l'épaule et utilisez l'inertie du piolet associé à un léger mouvement de fouetté du poignet selon un axe vertical.

La gestuelle de base

L'attitude générale est similaire à celle de l'escalade rocheuse. Cherchez à grimper de la manière la plus relâchée possible, en privilégiant le travail des jambes, les bras ne servant, autant que possible, qu'à s'équilibrer.

Si votre premier planté vous semble douteux, retapez au même endroit jusqu'à obtenir un bon ancrage, ce qui n'est possible que si vous n'êtes pas en hyperextension.

Une fois sûr de votre ancrage, déplacez l'autre piolet. Pour ne pas solliciter la même zone de glace, évitez les ancrages proches.

Pour un équilibre optimal, veillez à écarter vos pieds et à baisser vos talons.

Dès qu'elle est réalisable, la position de cramponnage mixte, avec un crampon placé en latéral, offre une alternative simple et économe à la position frontale.

Pour une frappe efficace, le piolet est tenu en bas du manche. De manière générale, choisissez les ancrages dans les creux plutôt que sur les bosses où la glace éclate plus facilement.
La technique du crochetage permet de vous économiser, en évitant les frappes, mais demande une bonne confiance dans l'utilisation de vos piolets. Le crochetage est particulièrement adapté aux cascades très sculptées ou très parcourues, où vous utiliserez les trous d'ancrage des cordées précédentes et les anfractuosités naturelles.

La glace éclate si vous ancrez sur les bosses.

La technique du crochetage.

« Les techniques de survie désignent un ensemble de connaissances permettant de s'hydrater et s'alimenter, de se chauffer, de se protéger des intempéries, voire de se soigner lorsqu'on se retrouve isolé dans la nature. »
Encyclopédie Wikipédia

19

LA SURVIE EN MONTAGNE

Le froid

La nuit

Que faire en cas d'orage - la foudre

L'altitude

La déshydratation

Le kit de survie

En montagne, vous n'utiliserez des techniques de survie que dans des circonstances extrêmes, fort heureusement assez rares. Les deux situations les plus classiques sont le bivouac forcé et l'orage. Dans la plupart des cas, une bonne préparation de la course et de la lucidité vous permettront d'éviter ces situations qui peuvent avoir des conséquences dramatiques.

Les causes pouvant vous amener à faire un bivouac de fortune sont multiples et variées, mais voici une liste non exhaustive d'erreurs à ne pas faire :

- Partir dans une course trop difficile pour vous ou votre compagnon.
- Partir avec un compagnon de cordée que vous ne connaissez pas ou peu.
- Choisir une course trop longue vu votre condition physique ou celle de votre compagnon.
- Faire une erreur d'itinéraire et persister dans cette erreur... (Mauvaise préparation de la course).
- Ne pas respecter – ou ne pas pouvoir respecter – les horaires prévus.
- Partir dans une course en mauvaises conditions (trop de neige ou trop de glace vive par exemple).
- Partir dans une course glaciaire ou mixte malgré un isotherme élevé (neige non gelée, chutes de pierres...).
- Faire l'économie de l'indispensable matériel de survie et d'orientation pour être le plus léger possible.
- Ne pas vous renseigner sur les prévisions météorologiques.

Néanmoins, des circonstances exceptionnelles peuvent aussi vous amener à faire usage de techniques de survie. Il peut s'agir d'un accident vous immobilisant ou de conditions météorologiques non prévues par les bulletins météo (arrivée soudaine du mauvais temps, brouillard ou orage). Gardez à l'esprit que les secours, et plus particulièrement les secours héliportés, ne peuvent pas toujours intervenir rapidement pour vous tirer d'une mauvaise situation. Ce sera notamment le cas si la météo est mauvaise, un vent fort ou une visibilité médiocre empêchant toute sortie de l'hélicoptère. Qui plus est, en dehors des massifs alpins les plus

Le vent est un facteur aggravant redoutable.

Le matériel minimum de survie et d'orientation est indispensable en haute montagne.

fréquentés, l'organisation des secours n'est pas toujours bien développée. À l'extérieur des massifs européens, vous ne devrez souvent compter que sur vos propres ressources.
En résumé, la prudence, la clairvoyance et l'anticipation des risques éventuels sont les meilleures garanties pour entreprendre vos ascensions en sécurité.
Si, malgré toutes ces précautions, vous vous trouvez dans une situation difficile, nous vous donnons ci-dessous quelques éléments à connaître pour « survivre ».

QUELQUES RÈGLES DE BASE VALABLES POUR TOUS LES MILIEUX

- Ne vous affolez pas, gardez votre calme pour analyser rationnellement la situation et ne pas gaspiller d'énergie inutilement.

- Gardez la volonté de lutter et d'agir. Ne vous laissez pas aller au pessimisme ou à la déprime.

En haute montagne, les agressions auxquelles vous risquez d'être confrontés, sont essentiellement le froid, l'altitude et les intempéries (l'orage) qui peuvent avoir pour conséquences la déshydratation et l'épuisement.

Le froid

C'est l'agression première causée par l'altitude, la pluie, la neige, le vent. Le froid peut entraîner des gelures, une hypothermie et, à l'extrême, l'épuisement et la mort…
Les symptômes caractéristiques de l'hypothermie sont :
- La difficulté et l'absence de volonté pour se déplacer.
- Une grande fatigue.

Vous en protéger est par conséquent indispensable. Cela commence par un équipement adapté à la course (altitude, saison, météo) en sachant que partir trop léger (sans vêtements de protection chauds par exemple) peut parfois se payer au prix fort.
Le vent est un facteur aggravant redoutable qui accentue le froid ambiant dans des proportions dépendant étroitement de sa vitesse. C'est l'effet windchill ou « froid éolien », résumé ci-dessous :

Température sans vent	Froid perçu en fonction de la vitesse du vent			
	20 km/h	40 km/h	60 km/h	80 km/h
0°	- 5	- 7	- 9	- 10
- 10°	- 18	- 21	- 23	- 24
- 20°	- 30	- 34	- 36	- 38
- 30°	- 43	- 48	- 50	- 52

Confection d'un abri de survie.

La nuit

Si les circonstances vous obligent à passer la nuit dehors, ayez à l'esprit que la seule chance de vous en sortir sans grand dommage est de vous enterrer. La neige a un grand pouvoir isolant selon le principe de l'igloo. Même si vous avez des températures de -20 ou -30 degrés à l'extérieur, à l'abri dans un trou à neige, vous retrouverez une température proche de 0, ce qui est nettement plus supportable. De nombreux décès auraient été évités si les alpinistes avaient pu ou su s'enterrer.
Le principe de base est assez simple. Il suffit de trouver une accumulation de neige de type congère, et de creuser à l'aide de vos piolets ou de tout autre objet (casque, gamelle, etc.) une cavité pour y trouver refuge. Évitez, autant que faire se peut, de mouiller vos vêtements en creusant.
Pensez à mettre en évidence un signal à l'extérieur pour que les secouristes puissent vous localiser (un piolet planté avec un morceau de tissus de couleur attaché par exemple).

Dans le trou à neige, isolez-vous du froid en vous asseyant sur votre sac et en vous couvrant d'une couverture de survie (photo ci-dessus). Cette dernière ne peut servir à vous isoler du contact de la neige, car elle n'a pratiquement pas de pouvoir isolant contre le froid par conduction.

Que faire en cas d'orage - la foudre

La foudre fait peur, à juste titre... Sa puissance destructrice, alliée à l'aléa du lieu d'impact, est à l'origine de l'angoisse qui saisit tout montagnard expérimenté à son approche.
L'orage est sans aucun doute la situation que redoutent le plus les alpinistes. Mieux vaut l'anticiper et l'éviter le plus possible.
Les sommets et les arêtes sont particulièrement exposés à la foudre par « effet de pointe ». Le champ électrique, très important au voisinage d'une pointe, va contribuer à l'ionisation de l'air et ainsi, à l'amorçage d'un éventuel arc électrique.
Même s'il n'existe pas de protection absolue contre la foudre, certaines précautions limiteront les risques créés par l'impact direct ou le courant de terre :
- Éloignez-vous en contrebas des pointes et des arêtes d'au moins une trentaine de mètres, si possible d'une cinquantaine, dès les premiers signes avant-coureurs d'un orage. Le bourdonnement ou le bruit d'abeilles caractéristique de « l'effet de couronne » signifie que le champ électrique ambiant est déjà intense, et qu'il faut de toute urgence quitter les crêtes.
- Les glaciers plats sont aussi dangereux que toutes les surfaces ouvertes, car votre corps tient lieu de pointe.
- Sur une vire en pleine paroi, éloignez-vous à au moins deux mètres du rocher, et notamment des fissures, pour limiter les risques de foudroiement indirect, et installez un relais pour vous sécuriser.
- Évitez de vous mettre sous un petit surplomb (une bonne protection nécessite une grotte d'au moins trois mètres de profondeur).
- Évitez de grimper ou de vous déplacer car une commotion électrique, même légère, peut vous faire lâcher prise et entraîner une chute.
- Le métal en tant que tel n'attire pas la foudre. Mais comme il est un bon conducteur d'électricité, ne gardez aucun objet métallique sur vous. Un contact avec le corps augmente le risque de brûlure.
- Évitez de marcher car vous pouvez être blessé par le courant dû à la différence de potentiel entre les points de contact avec le sol (vos jambes).
La position la plus sûre consiste à s'asseoir sur un objet sec, la tête entre les épaules et les jambes repliées contre soi. Pour vous isoler au mieux du sol, utilisez votre sac à dos, votre corde, un petit matelas en mousse ou une couverture de survie par exemple. Ne vous couchez pas sur le sol.

La foudre tombe sur l'aiguille du Midi.

L'altitude

À 2500 m, l'alpiniste ne dispose plus que des trois quarts de la quantité d'oxygène disponible au niveau de la mer. Ce manque d'oxygène entraîne une fatigue plus rapide et accentue le risque de gelures.
Il n'existe pas de moyens pour compenser ce manque, mais l'acclimatation permet d'en diminuer les inconvénients.
En cas d'intempéries, perdre de l'altitude permet souvent de diminuer les agressions liées au froid et au vent.

La déshydratation

En altitude, l'humidité absolue de l'air diminue et les pertes hydriques lors d'un effort sont plus importantes qu'au niveau de la mer. Pensez à boire régulièrement pour ne pas vous déshydrater.
En situation de survie, il est heureusement assez facile de trouver de l'eau en montagne sous forme de neige ou de glace. Si vous n'avez pas de réchaud ou de bougie, utilisez la chaleur du corps – en mettant de petites quantités de neige dans une gourde par exemple – que vous placerez sous vos vêtements. Vous pouvez aussi faire fondre un peu de neige dans la bouche en prenant la précaution de la réchauffer avant de l'avaler.
Si le soleil est présent, vous pouvez faire fondre de la neige sur une toile déperlante de couleur sombre.

Le kit de survie

Pour les courses en haute montagne, votre fond de sac devrait toujours contenir le kit de survie minimum suivant :
- Une paire de grosses moufles pour protéger vos mains des gelures. Personnellement, nous partons en montagne avec au moins trois paires de gants : une paire technique pour l'ascension, avec une seconde paire de réserve au cas où la première serait mouillée (ce qui peut arriver vite dans les courses de neige) et une paire de grosses moufles de survie.
- Une couverture de survie.
- Un petit réchaud ultraléger avec gamelle pour pouvoir faire fondre de l'eau et se réhydrater.
- Un gilet en duvet.

L'ensemble fait moins d'1 kg et peut vraiment vous sauver la vie.

20

L'ORIENTATION EN MONTAGNE

Savoir s'orienter est essentiel pour la pratique de l'alpinisme hivernal ou estival. Se repérer sur une carte par mauvaise visibilité, brouillard, neige ou nuit nécessite un minimum de connaissances et d'entraînement avant de se lancer sur des itinéraires pouvant devenir délicat dans des conditions difficiles. La préparation d'une course demande du temps et de la rigueur. Elle ne va pas commencer au départ du refuge ou à l'attaque de la rimaye; c'est chez vous que vous vous imprégnez de l'itinéraire par une lecture de carte minutieuse.

Comme tout bon ouvrier doit avoir les bons outils, le matériel nécessaire est indispensable à la navigation. Il est composé d'une boussole, d'un altimètre, d'une carte, d'un porte-cartes transparent (essentiel en cas de fort vent avec pluie ou neige), d'un crayon et de papier.

Préparation topographique et lecture de carte

- En règle générale, l'utilisation de cartes au 1/25 000 est la plus courante chez les alpinistes. Précises et détaillées, elles vous permettront de faire votre préparation de course avec plus de facilité.
- Tracez au crayon à papier votre itinéraire de montée et de descente en prenant soin de repérer les sections pouvant comporter des passages délicats (pente raide, crevasses, barre rocheuse, etc.) ou dangereux (glacier très crevassé, sérac, chutes de pierres...).
- Surlignez les courbes maîtresses (tous les 50 m) et marquez leur altitude exacte, ce qui permettra de vous repérer très rapidement en altitude grâce à votre altimètre. Attention à l'équidistance des courbes de niveau (en général 10 m pour les cartes françaises, 20 m pour les cartes suisses, 25 m pour certaines cartes italiennes).
- Calculez les dénivelés pour avoir une idée de l'horaire que vous allez mettre dans votre course, et adaptez éventuellement votre heure de départ du refuge.
- Repérez des points cotés dont l'altitude exacte servira à recaler votre altimètre régulièrement.
- N'oubliez pas que les indications fournies par l'altimètre varient en fonction de l'altitude, mais aussi des changements barométriques!

L'orientation

Le principe de l'orientation est relativement simple: suivre une ligne qui vous emmène d'un point A à un point B.

Il existe une multitude de lignes naturelles reconnaissables sur le terrain:

- chemins
- ruisseaux
- pieds de barres rocheuses
- lisières de forêt
- lignes de crêtes

Visibilté plus que réduite au Tacul.

Dans le cas où aucune de ces solutions naturelles ne s'avère envisageable, vérifiez si une courbe de niveau peut vous emmener au point désiré. Dans ce cas, il vous suffira de rester « à niveau » en suivant les indications de votre altimètre.
Lorsque vous suivez une de ces lignes, il faut absolument que celle-ci vous emmène à un point reconnaissable sur la carte :
- chalet ou refuge
- col
- pied d'une barre rocheuse, etc.
Si aucune de ces solutions n'est possible, vous devrez faire un relevé d'angle et suivre une direction précise, un azimut, grâce à la boussole

Préparation des angles de marche
Sur votre itinéraire, tracez une ligne droite allant d'un col au pied d'une barre rocheuse par exemple, et mesurez son azimut.
Faites attention à ce que votre itinéraire soit réalisable et soit le plus confortable possible.
Votre itinéraire – ou portion d'itinéraire – sera plus facile à réaliser si la distance entre deux points est courte.
Toutes ces opérations peuvent être inscrites dans un tableau de marche que vous aurez pris soin de glisser dans votre porte-cartes.

N'oubliez pas que le flair ou l'instinct ont leurs limites en orientation.
Fiez-vous rigoureusement à vos instruments, même dans les secteurs que vous parcourez régulièrement, car beaucoup se sont fourvoyés sur des itinéraires connus depuis l'enfance...

Le GPS (*Global Positionning System*)
Petit et léger il est complémentaire de l'usage de la carte, de l'altimètre et de la boussole et peut grandement améliorer votre navigation et votre sécurité.
Il existe à ce jour deux types de GPS. Ceux sans carte intégrée nécessitent de reporter les coordonnées de votre position sur la carte papier pour savoir où vous êtes ou, inversement, de mesurer les coordonnées de votre destination sur la carte et de les saisir dans votre GPS. Ce n'est pas toujours facile à faire et source d'erreurs potentielles lors de la saisie des coordonnées.

Le GPS vous indique en permanence votre position courante et le cap à suivre si vous avez entré les coordonnées d'un ou de plusieurs points.
L'utilisation nécessite (en France) une carte IGN avec un carroyage UTM qui indique votre position en coordonnées UTM selon une grille kilométrique.
L'efficacité est remarquable sur les itinéraires ou peu de points de repères « physique » existent, les grands glaciers ou les dômes de neige par exemple.

Son utilisation demande néanmoins, avant de se retrouver en plein mauvais temps, un peu d'entraînement pour ne pas avoir à sortir le mode d'emploi en pleine tempête de neige...

Les GPS à cartographie intégrée ou téléchargeable sont nettement plus faciles d'emploi et sont à privilégier. De plus en plus, nous utilisons les téléphones portables de type tablette ou phablette car leurs écrans larges et la possibilité d'utiliser les cartes au 1/25 000e identiques à celles des cartes papier est très « confortable ».

Attention cependant à toujours avoir avec vous un accu annexe (il y a plein de modèles sur le marché, une capacité de 5 000 ou 6 000 mah est un des meilleurs compromis) pour pouvoir recharger votre tablette, l'autonomie de cette dernière étant souvent limitée à quelques heures en usage GPS.

21

L'ALIMENTATION DE L'ALPINISTE

L'alimentation en montagne est un sujet abordé avec passion par certains, et négligé par d'autres. Si les grands principes de la diététique sportive s'appliquent à la montagne, les contingences matérielles peuvent en modifier les applications. L'alpiniste expérimenté aborde les questions diététiques d'une manière très personnelle et très pragmatique, attachant plus d'importance à l'équilibre alimentaire qu'aux aspects purement énergétiques. À l'inverse, l'alpiniste amateur est plus rigoureux dans le choix de ses aliments, s'appuyant sur les principes de la diététique sportive. Enfin, le randonneur occasionnel ou le pratiquant de multiples activités en montagne est plus réceptif aux messages publicitaires des marques qui mettent en avant le bénéfice de tel ou tel produit dans la réussite de la performance.

L'activité physique quotidienne engendre un surcroît de dépense énergétique qu'une alimentation plus copieuse peut équilibrer. À la longue, de mauvaises habitudes alimentaires sont prises et l'inactivité qui fait suite à la saison estivale s'accompagne inévitablement d'un excès de poids.

En matière de nutrition ou de diététique pratique en montagne, plusieurs questions se posent à l'alpiniste régulier :

- Comment adapter son alimentation aux efforts prolongés et répétés chaque jour ?
- Est-ce que l'alimentation du pratiquant régulier (ou du guide) diffère de celui qui pratique occasionnellement ?
- Quels sont les moyens qui limitent l'appétit quand l'activité physique cesse ?

Au refuge Albert 1er.

Les besoins énergétiques varient selon le type d'activité :
On oppose les activités de longue durée et d'intensité modérée, durant lesquelles l'énergie est puisée dans les réserves (essentiellement de graisse), aux activités intenses, voire violentes, de courte durée, dont la dépense d'énergie est très élevée.

Le coût énergétique de la marche d'approche (ou de la randonnée) varie en fonction du degré de pente, de la nature du sol, du dénivelé horaire et du poids du sac.
Classiquement estimé à 6 Kcal/kg/heure, il est augmenté de 3 Kcal/kg/heure, si la personne porte un sac de 10 kg.
En raison de la faible intensité de l'effort, l'énergie dépensée provient essentiellement du stock de lipide. De ce fait, l'alpiniste qui n'emprunte pas ou peu les remontées mécaniques affiche une perte de poids importante en fin de saison.

L'escalade, succession d'efforts intenses et brefs, entrecoupés de longues périodes de récupération, privilégie l'utilisation des glucides comme carburant. La réserve sous forme de glycogène étant limitée, il est nécessaire de s'alimenter régulièrement en aliments sucrés pour limiter l'épuisement énergétique. Mais, pour être performant, le grimpeur doit éviter toute prise de poids inutile, ce qui impose une discipline nutritionnelle rigoureuse. Une alimentation fractionnée, riche en calories faites de produits sucrés et chocolatés, crée un état de dépendance et une prise de poids.

L'alpinisme, dont l'intensité et la durée de l'effort ne s'apparentent ni à la randonnée et ni à l'escalade, a un coût énergétique journalier élevé.
La nature des substrats énergétiques brûlés pendant la course est fonction du niveau technique et de la condition physique de chaque alpiniste. Ainsi, dans une même cordée, l'alpiniste confirmé qui « randonne », brûle les lipides prélevés sur les réserves de graisse ; à l'inverse, l'alpiniste débutant, manquant de condition et « limite » techniquement, va rapidement épuiser ses réserves de glucides et, dans un délai de 3 ou 4 heures, sera de plus en plus lourd sur la corde. Cela se traduit par un ralentissement de la vitesse de progression, une diminution de la force musculaire, une moindre

résistance au froid, une baisse de l'attention. À ce niveau de fatigue, quels que soient le nombre et la durée des pauses et la quantité de barres de céréales ingurgitées, il est illusoire d'espérer retrouver des facultés physiques (et morales) suffisantes pour poursuivre la course.
La gestion de la dépense énergétique est gage de réussite en montagne. Le choix du niveau de difficulté, la vitesse de progression, la périodicité des pauses, la protection contre le froid sont autant de sources d'économie en matière d'énergie.

Plus la dépense d'énergie est élevée pendant la course, plus le déficit en fin de journée est important, et plus il est difficile de reconstituer le stock d'énergie. Les apports d'énergie doivent être fractionnés, à l'occasion de chaque pause, toutes les deux heures au minimum.

Le curieux pieu d'assurage de l'arête est du Mönch.

22

LA TROUSSE DE SECOURS DE L'ALPINISTE

La trousse de secours en montagne peut être utilisée dans des circonstances très différentes :

En cas d'accident, pour les premiers soins

Pour traiter un malaise, une maladie ou un état de grande fatigue

Pour répondre à des demandes de « confort » pour le bien-être de l'alpiniste.

Traiter efficacement une urgence vitale en montagne requiert la présence d'un médecin rompu au secours en altitude. Celui-ci fait un bilan médical, met en route un traitement et conditionne le blessé pour un transfert en milieu hospitalier. La rapidité à transmettre l'alerte aux organismes de secours en montagne est l'un des principaux facteurs d'efficacité.

Dans les situations d'isolement géographique ou par mauvais temps, l'alpiniste se trouve souvent démuni pour traiter un état de détresse ou de maladie liée à la haute altitude. Certes, la cordée peut bénéficier de conseils en joignant, par radio ou par téléphone, un médecin qui l'aidera à dispenser des soins. Cette assistance à distance peut justifier une trousse de secours plus complète. Certains médicaments ne seront utilisés que sur avis médical. C'est dans ces conditions d'isolement et de haute altitude que toutes les mesures visant à limiter les risques doivent être scrupuleusement observées. L'expérience, la prise en compte des éléments de décision de progression ou de renoncement sont les meilleures garanties de sécurité.

Enfin, les médications destinées au confort ou au traitement d'un épisode aigu digestif ou respiratoire peuvent être ponctuellement distribuées, avec réserve, ce qui impose une formation succincte de médecine pratique en complément des notions de secourisme.

COMPOSITION D'UNE TROUSSE DES SECOURS POUR UNE COURSE CLASSIQUE EN FRANCE

Petit matériel de soins

- Une paire de petits ciseaux.
- Des compresses stériles.
- Une couverture de survie.
- Un antiseptique en dose de 10 ml.
- Un collyre en mono dose (antalyre®).
- Une bande élastique adhésive (Urgostrapping®) et une bande élastique (Nylex®).w
- Des bandelettes de suture cutanée (Urgostrips®), une plaque de colloïde souple Algoplaque®.
- Un lot de petits pansements individuels.
- Une attelle souple d'immobilisation (Sam splint®).

Médicaments non spécifiques (à soumettre à votre médecin traitant)

- Douleurs et fièvre : Paracétamol 500® ou Ibuprofène 400®.
- Diarrhées, vomissements, douleurs abdominales : Spasfon®, Loperamide®, Smecta®.
- Fatigue intense, allergie, inflammation aiguë : corticoïde injectable à n'utiliser que sous contrôle médical à distance.

Sans oublier la crème de protection solaire (peau et lèvres)...

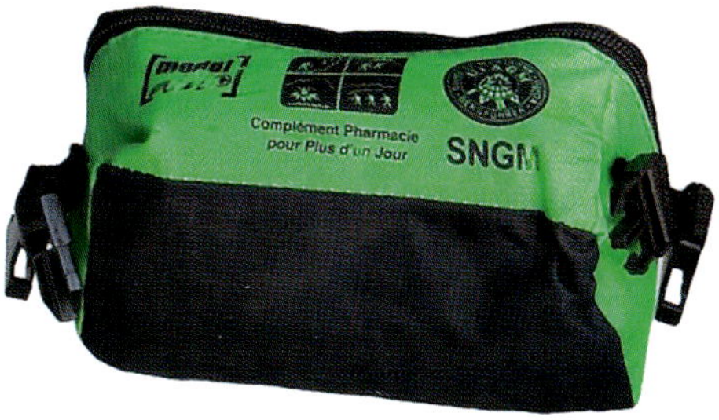

Sur l'arête est du Mönch (Oberland bernois).

Les médicaments regroupés dans cette trousse répondent à plusieurs critères :
- Être efficaces, ce qui est le cas des seuls médicaments délivrés sous ordonnance. Leur prescription engage la responsabilité du médecin.
- Ne pas être dangereux, notamment lorsqu'ils sont donnés à des personnes porteuses de maladies (allergie), ou sous traitement (potentialisation ou incompatibilité), lorsqu'ils sont donnés à forte dose (surdosage), ou lorsque la date de péremption est dépassée.
- Démunis d'effets secondaires (réaction cutanée à l'exposition solaire).

Enfin, l'automédication donne lieu à un débat sur l'éthique de l'alpinisme, la plupart des médicaments efficaces étant inscrits sur la liste des produits dopants. En haute montagne, doit-on prévenir, soigner avec des médicaments susceptibles de modifier le comportement, d'améliorer la performance physique ou de retarder l'apparition des désordres liés à l'altitude ou au froid ?
Pour certains, ces médications sont justifiées par l'amélioration de la sécurité des alpinistes et la possibilité d'un retour rapide dans la vallée. Pour d'autres, l'utilisation de ces produits est un moyen d'atteindre plus facilement le sommet, et c'est donc une conduite de dopage.
C'est le cas pour plusieurs médicaments.
L'Acetazolamide (Diamox®) retarde l'apparition du mal aigu des montagnes (MAM). Son utilisation en prévention permet aux alpinistes de réussir l'ascension d'un sommet de haute altitude avec des symptômes du MAM atténués. La prise du Diamox® s'accompagne de désordres plus ou moins marqués selon les sujets : effet diurétique, fourmillements dans les extrémités, baisse de la tension artérielle.
En prévention de l'œdème pulmonaire aigu du poumon de haute altitude, (OPHA), le Sildénafif (Viagra®) ou le Tadalafil (Cialis®) limitent l'hypertension de l'artère pulmonaire induite par l'hypoxie de haute altitude. Chez un sujet ayant souffert d'un OPHA, c'est un facteur de sécurité non négligeable pour éviter une récidive. L'utilisation de ces médicaments s'accompagne d'une augmentation de la ventilation, et donc d'un gain de performance en haute altitude.
Les glucocorticoïdes sont des médicaments utilisés pour réduire les réactions inflammatoires. Dans la pathologie de haute altitude, ils atténuent la gravité des signes, notamment de l'œdème cérébral. Leur place dans la trousse de secours, gage de sécurité en cas d'immobilisation forcée, est indispensable en très haute altitude. Combien d'alpinistes ont-ils retrouvé la volonté de survivre à la suite d'une injection de Célestène® avant d'entreprendre la descente avec ce regain d'énergie physique et moral. Les effets délétères des corticoïdes sont bien connus : gastrites, troubles du comportement, perturbation du sommeil et risque infectieux. Prescrits sur une longue durée, ils imposent une rigueur d'utilisation et un suivi médical pour éviter des accidents parfois mortels.

En résumé, disposer d'une trousse de secours personnelle dans son sac est indispensable. Les produits de soins nécessitent un apprentissage simple auprès d'un infirmier. L'utilisation des médicaments par un non-médecin doit être très restreinte car dangereuse. Aujourd'hui, l'alpiniste doit se donner les moyens d'entrer en contact téléphonique avec un médecin (hospitalier ou libéral) pour recevoir des conseils et éviter toute automédication non justifiée.

LES AUTEURS

Jean-François Hagenmuller est guide de haute montagne depuis 1984 et professeur-guide à l'ENSA depuis 1985. Grand amateur de voyages lointains, il a grimpé notamment en Inde, au Sahara et aux USA où il a gravi plusieurs big walls au Yosemite. Photographe renommé, il est l'auteur de plusieurs livres, *Mont-blanc, lumières d'altitude*, *Les saisons du Mont-blanc*, *Mont-Blanc, le jeu des éléments* et co-auteur de *Alpinisme, des premiers pas aux grandes courses*, *Les plus belles traces du Mont-Blanc*.

François Marsigny devient guide de haute montagne et architecte en 1989. Il est professeur-guide à l'ENSA depuis 1998, tout en restant membre de la compagnie des guides de Chamonix. Passionné par le mixte et la glace, il a parcouru de très nombreux itinéraires dans le massif du Mont-Blanc. Il a effectué de nombreuses expéditions en Patagonie et en Himalaya où il a gravi le Cho Oyu et le Makalu. Il a longtemps collaboré aux revues spécialisées.

François Pallandre est guide de haute montagne depuis 1990 et professeur-guide à l'ENSA depuis 1996. Il a exploré sur les 7 continents les diverses facettes des activités montagne en partant des volcans d'Auvergne. Il a notamment gravi des big walls au Kirghistan, aux USA, est allé au sommet de l'Everest, et a arpenté les déserts du Sultanat d'Oman et de Jordanie. Dans les massifs alpins, outre les grandes courses classiques, il a réalisé de nombreuses premières en escalade rocheuse.

Les trois auteurs au sommet du mont Blanc en compagnie de Christophe Jacquemoud (également professeur à l'Ensa). De gauche à droite, Francois Pallandre, Christophe Jacquemoud, Francois Marsigny et Jean-François Hagenmuller.

PEFC
10-31-3532

Achevé d'imprimer en France en octobre 2024 par SEPEC, 201 37240921
sur papier provenant de forêts gérées de manière durable.